从零开始学

西瓜视频创作与运营

叶龙 编著

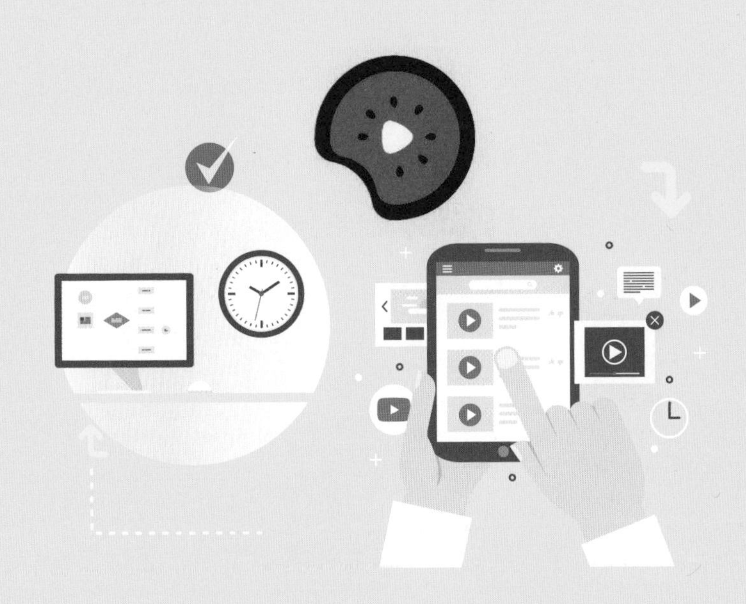

清華大學出版社
北 京

内 容 简 介

本书从内容创作、引流运营与直播带货这3个方面，分10章内容全面剖析了西瓜视频的操作技巧，具体内容包括平台运营、视频策划、视频拍摄、视频后期、视频发布、吸粉引流、平台变现、开播技巧、直播技巧和带货秘诀等，帮助运营者打造爆款账号，快速提高内容热度，从平台上变现自我价值。

本书不仅能使中视频平台想入驻、想引流、想变现的运营者快速掌握西瓜视频的核心运营技巧；还能使直播带货主播及其他准备转型的图文或短视频运营者快速转变思维，增加转战中视频的胜率。

图书在版编目(CIP)数据

从零开始学西瓜视频创作与运营/叶龙编著. —北京：清华大学出版社，2022.7
ISBN 978-7-302-59929-6

Ⅰ. ①从… Ⅱ. ①叶… Ⅲ. ①视频制作 ②网络营销 Ⅳ. ①TN948.4 ②F713.365.2

中国版本图书馆CIP数据核字(2022)第016022号

责任编辑：张 瑜
封面设计：杨玉兰
责任校对：徐彩虹
责任印制：宋 林
出版发行：清华大学出版社
网　　址：http://www.tup.com.cn, http://www.wqbook.com
地　　址：北京清华大学学研大厦A座　　**邮　　编：**100084
社 总 机：010-83470000　　**邮　　购：**010-62786544
投稿与读者服务：010-62776969, c-service@tup.tsinghua.edu.cn
质量反馈：010-62772015, zhiliang@tup.tsinghua.edu.cn
印 装 者：天津鑫丰华印务有限公司
经　　销：全国新华书店
开　　本：170mm × 240mm　　**印　　张：**14.75　　**字　　数：**255千字
版　　次：2022年8月第1版　　**印　　次：**2022年8月第1次印刷
定　　价：69.80元

产品编号：094200-01

前言

2020 年 10 月 20 日，西瓜视频总裁提出了中视频概念，将时长 1 ~ 30 分钟的视频定义为中视频。只要运营者有好的内容，有毅力，那么就有可能在中视频领域实现自己的价值。

运营者的核心无非是引流和变现，这两者有一个辩证关系，引流是变现的基础，试想如果运营者没有流量，如何将产品卖出去？如何通过服务获得佣金？同时，变现是引流的目的，一切引流并不是为了好玩，而是为了给变现作铺垫。

经过深思熟虑之后，笔者决定将自己多年的经验总结成一本书，为那些想要从事中视频运营的朋友提供一个参考。本书从内容创作、引流运营和直播带货这 3 个方向出发，对西瓜视频的关键内容进行了全面解读。学习好书中的知识，便可以帮助大家快速打造爆款账号，从平台上实现自我价值。

此外，本书有大量案例，每讲到一个知识点，都有具体的操作步骤。虽然说涉足西瓜视频平台不是改变生活与命运的唯一选择，但是成功地运营西瓜视频是一个能够改变大多数人生活与命运，实现自己梦想的途径，所以在实现梦想的征途中，运营者要脚踏实地地学习相关知识。

需要特别提醒的是，在编写本书时，笔者是基于当时各平台和软件截取的实际操作的图片，但书从编辑到出版需要一段时间，在这段时间里，软件界面与功能会有调整与变化，比如有的内容删除了，有的内容增加了，这是软件开发商做的更新，请在学习时根据书中的思路，举一反三，灵活掌握。

本书由叶龙编著，参与编写的人员还有刘思悦等人，在此表示感谢。由于作者知识水平有限，书中难免有不妥和疏漏之处，恳请广大读者批评、指正。

编　者

目录

第 1 章

平台运营：注册认证开通权益一步到位

西瓜视频是目前十分火热的视频创作平台，它依托今日头条，用户流量巨大，并创造性地提出了“中视频”概念，引领视频行业发展的潮流。本章将为运营者介绍国内外中视频的发展概况，讲解西瓜视频平台账号的注册和认证方法，以及平台提供的权益和推荐机制，帮助运营者快速掌握运营西瓜视频平台的方法。

1.1 发展概况，3 个方面了解中视频

近年来短视频蓬勃发展，以快手、抖音为首的短视频平台，将短视频行业推向了一个高潮。虽然短视频已经成为营销的一种重要途径，但某些平台和部分运营者发现短视频越来越不能满足营销需求了，于是中视频成了短视频之后的又一个香饽饽。这一节笔者主要介绍国内外中视频的基本概况，将中视频与短视频进行比较分析，并讲解了西瓜视频的基本概况。

1.1.1 国内国外，行业发展概况

中视频到底是一个早已有之的事物，还是近些年才出现的新类型？国内外的中视频行业到底处于什么样的情形？下面请跟随笔者来一探究竟。

1. 国外中视频概况

YouTube 于 2005 年创立，是一个全球性的视频网站，支持多种语言。比如，用户在 YouTube 上观看某品牌的秋季发布会，可以通过 YouTube 强大的实时翻译功能，将发布会上的英语全部翻译成简体中文。

无论是从广告营销角度，还是从视频质量和娱乐特性等角度来说，YouTube 作为一个实力非凡的中视频平台，早在十多年前就都具有了无可比拟的优势。下面笔者主要从用户规模、产品黏性和广告体验等角度，来分析 YouTube 作为中视频网站的特点。

1) 用户规模

据相关机构统计，YouTube 用户数量高达 20 多亿，如此庞大的用户规模令人咋舌。此外，YouTube 凭借自身的文化和娱乐属性，在北美、欧洲、中东和东南亚等地区也吸引了越来越多的运营者加入创作者行列，同时也有很多年轻用户被它吸引，成为忠实粉丝。

2) 产品黏性

YouTube 在产品设计上紧跟潮流，其视频长度大多在 30 分钟左右，它比短视频能承载更多内容，同时还能帮用户减压、娱乐和消磨时间。因此，YouTube 成为国外用户常用的中视频平台，它的用户黏性也在不断地增加，从而获得了更多的用户兴趣标签，完善了用户画像，提高了广告投放的精准度。

3) 广告体验

YouTube的广告投放方式非常独特，它既不像优酷、爱奇艺和腾讯视频那样，普通用户要忍受几十秒甚至上百秒的广告轰炸，也不像抖音、快手等短视频那样，用户刷到的短视频有很大概率是纯广告推广，影响用户体验。

YouTube 在广告投放时，既考虑到了广告投放的范围和人群，也考虑到了

投放方式，它想要提高广告视频的完播率，还想降低对用户观看体验的影响。于是，YouTube 平台上的视频广告只有短短 5 秒，5 秒之后用户可选择跳过，也可选择继续观看。这种广告投放方式提升了视频广告的质量，能在一定程度上激发广告投放商的创造力。

2. 国内中视频概况

无论是早期的土豆网，还是后来的秒拍，都由于种种原因，没能成为国内中视频的“中流砥柱”，也没能成为“中国的 YouTube”。

在短视频发展初期，比如早期的抖音、快手和视频号等平台，它们都将短视频时长限制在 1 分钟以内。但随着各大平台逐渐放宽短视频时长限制，抖音甚至将短视频的时长从限制在 30 秒内放宽到了限制在 15 分钟以内，如图 1-1 所示。从某种意义上来说，中视频复活了，或者可以说中视频借短视频之壳“重生”了。

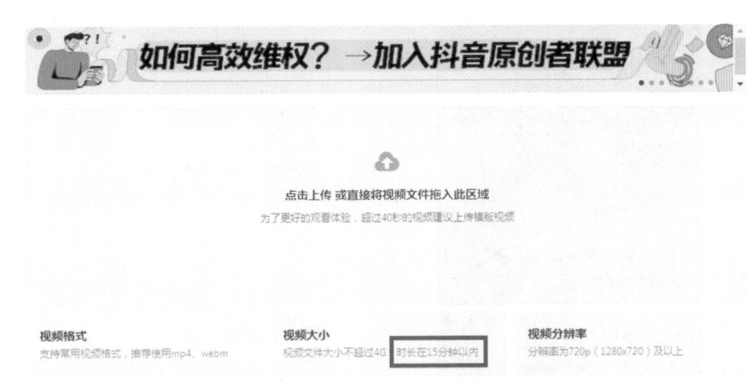

图 1-1　抖音短视频时长限制放宽

此处笔者需要说明的是，在西瓜视频官方提出“中视频”概念之前，中视频已在短视频平台初现苗头了。也就是说，中视频也并不是西瓜视频官方提出这个概念之后才产生的。

1.1.2　中短视频，分析具体区别

中视频和短视频虽然只有一字之差，但两者之间却存在不少差别。具体来说，两者的差别主要体现在时间长度、展现形式、视频内容、运营及生产者和视频用户 5 个方面。

1. 时间长度

短视频的时间长度相对较短，大部分短视频平台时长要求是限制在 60 秒以内，有的短视频平台甚至将时间长度限制在 15 秒以内。值得说明的是，抖音、快手以及微信视频号等平台早已放宽限制，虽然这些平台仍然标榜着短视频标签，

但部分内容实际上已属于西瓜视频所谓的“中视频”范畴了。

中视频的时间长度则在 1 分钟至 30 分钟之间，这个时间长度可以容纳更多的内容，甚至可以说，3 个中视频内容抵得上一部电影了（标准的电影时长为 90 分钟）。相对于短视频而言，中视频的时间要长一些，用户创作的难度也更高一些。

2. 展现形式

在许多平台中，短视频主要是以竖屏的形式进行展示的，只有少数运营者会将视频设置为横屏；而中视频则正好相反，它的展现形式以横屏为主、竖屏为辅。相比之下，短视频的竖屏展现形式，更方便用户观看视频，如图 1-2 所示。

图 1-2　短视频与中视频平台展现形式对比

3. 视频内容

从视频内容的类型来看，短视频主要是娱乐和生活类的内容，且大多数没有故事情节，因为短短几十秒很难将一个故事讲清楚，而中视频则更多的是科普和知识讲解类的内容。

从视频内容的节奏来看，短视频的节奏比较快，有的短视频用户看完之后还不明白要讲的是什么；而中视频的节奏相对较缓，能够将运营者和生产者的意图更好地展现出来。

4. 运营及生产者

短视频采取的基本上都是 UGC(User Generated Content，用户原创内容）模式，平台用户就是账号运营者和内容生产者。因此，其运营和生产者的专业性往往较低，更多的只是记录自己的生活，并且视频更新频率也没有一定的规律。

中视频采取的是PGC(Professional Generated Content，专业生产内容)模式，账号运营者和内容生产者有扎实的专业功底，专注于某领域生产高质量内容。因此，这种模式下生产出的中视频内容质量相对较高，而且运营者还会以相对固定的或有规律的频率进行更新。

5. 视频用户

许多用户都会利用碎片化时间观看短视频，这些用户看短视频仅仅是为了获得心理上的愉悦，看过的内容也不会有特别深的记忆；而中视频的内容具有一定的专业性，用户通常能从中获得一些知识或信息，对于有价值的中视频，他们可能还会进行收藏。

1.1.3 西瓜视频，基本情况特征

2020年10月20日，西瓜视频在海南三亚召开西瓜PLAY好奇心大会，目的在于开拓一条新赛道，与“同门师兄弟”抖音、今日头条、短视频实现差异化发展，或者说让西瓜视频实现弯道超车，超越自己的“同门师兄弟”。西瓜视频的平台特征具体有以下3点。

1. 平台大力扶持

在会上西瓜视频新任总裁亮相，不仅提出了“中视频”的概念和定义，并宣布给中视频创作者补贴20亿元人民币。中视频的市场竞争越来越激烈，平台也在逐步改善运营者的创作条件，以激励他们创作出更多优质的内容。

2. 中视频成竞争焦点

虽然抖音、快手等短视频平台发展得如火如荼，但因为短视频领域日渐饱和，一个新的运营者进入短视频领域之后，很难快速地脱颖而出。而其他长视频平台，如腾讯视频、爱奇艺和优酷等，也难以从短视频领域中分得一杯羹。

因此，无论是运营者，还是西瓜视频、B站等平台，它们都希望开拓一条新的赛道，实现差异化发展，于是中视频领域成了它们竞争的焦点。

3. 时长优化视频发展

许多短视频平台将视频的时长限制在60秒以内，但时间太短就会限制视频内容的介绍和剧情发展，很多内容都是浅尝辄止，难以对短视频主题进行深入分析。

例如，心理学上有一种常见效应——“墨菲定律”，这个心理学名词解释起来要举证大量的例子，从地理、人体、生物等领域到各个国家和地区，都存在佐证“墨菲定律”的案例。图1-3所示为短视频与中视频平台介绍“墨菲定律”的时长对比。

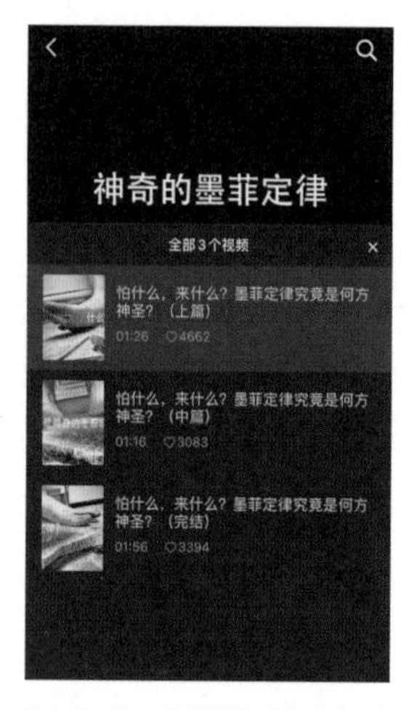

图 1-3　短视频与中视频平台介绍“墨菲定律”的时长对比

由于短视频的时间限制，许多运营者不得不将视频剪辑成“上中下集”，无法直接在一个视频中进行详细解释。而中视频的时长可以达到 10 多分钟，能让用户清晰、方便地认识墨菲定律。

1.2　账号设置，3 个要点掌握规则

运营者想要在西瓜视频平台上创作出优质的视频，首先要在平台上注册一个账号，并且不能随意更换运营账号，否则可能会失去一部分粉丝的关注。下面就为大家介绍西瓜视频平台账号的一些基本规则和设置方法。

1.2.1　账号登录，3 种操作方法

登录西瓜视频主要有 3 种方式，分别为西瓜创作平台登录、头条号后台登录和西瓜视频 App 登录，前两种方式是在电脑端登录。这 3 种登录方式也有具体的操作方法，如图 1-4 所示。

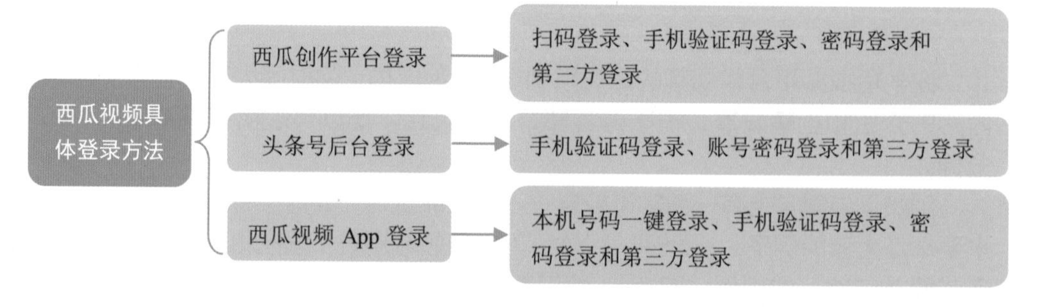

图 1-4　西瓜视频具体的登录方法

需要注意的是，运营者使用第三方登录方式时，需要之前授权过绑定微信、QQ 等平台账号，否则无法登录。

1.2.2 账号规范，符合平台要求

运营者在西瓜平台进行内容创作之前，首先要遵守平台的相关规定，运营的账号要符合平台规范。下面就从 4 个方面为运营者介绍一些具体的账号设置要求。

1. 账号基本要求

- 禁止发布侵犯版权和用户权益的内容。
- 禁止发布破坏民族团结、扰乱社会秩序的内容。
- 禁止发布侮辱、诽谤以及对他人造成人身攻击的内容。
- 禁止发布反动、暴力、血腥、色情以及赌博等违法内容。
- 发布的内容应弘扬传播正能量、遵守法律法规和符合平台要求规范。

2. 账号名称要求

- 账号名称禁止冒充顶替他人。
- 账号名称禁止出现营销推广信息。
- 账号名称禁止涉及国家领导人、政治敏感倾向等。
- 账号名称禁止使用第三方品牌名称，如影视作品名称、电视节目名称等。
- 账号名称禁止使用“西瓜 ××”“头条 ××”和“今日 ××”等容易让用户误解为官方账号的文字。

3. 账号简介要求

- 简介内容禁止推广营销信息。
- 简介内容禁止添加网页链接、邮箱账号和其他联系方式。
- 简介内容应积极向上，不得包含低俗、敏感和色情等信息。
- 医疗保健类相关账号的简介内容，禁止对功效作出断言、保证。
- 财经类相关账号的内容简介，禁止对增值、投资效益作出保证性承诺。

4. 账号头像要求

- 禁止使用国家领导人照片或漫画形象作为头像。
- 个人账号禁止使用第三方品牌 LOGO 作为头像。
- 头像应美观、高清，禁止使用低俗、模糊的图片作为头像。
- 禁止使用假冒加 V 的照片和类似官方账号 LOGO 作为头像。

运营者只有遵守平台的规范要求，正常稳定地运营账号，才能得到平台的相关推荐，从而将视频内容推广给更多的用户观看。

1.2.3 账号设置，加深用户印象

确定账号信息符合平台规范后，运营者就可以对账号进行一些基本设置，从而提高美观度，吸引用户注意。下面笔者就为大家介绍个人主页中背景图的设置方法，打造一个给用户留下深刻印象的主页界面。设置个人主页背景图的具体步骤如下。

步骤 01 打开西瓜视频移动客户端，进入“我的”界面，点击“个人主页”按钮，如图 1-5 所示。

步骤 02 进入“个人主页”界面，点击“设置背景”按钮，如图 1-6 所示。

图 1-5 点击“个人主页”按钮　　图 1-6 点击“设置背景”按钮

步骤 03 从弹出的选项面板中，选择“从手机相册上传”选项，如图 1-7 所示。

步骤 04 进入“最近项目”界面，选择一张符合账号运营风格和定位的照片，点击“完成”按钮，如图 1-8 所示。

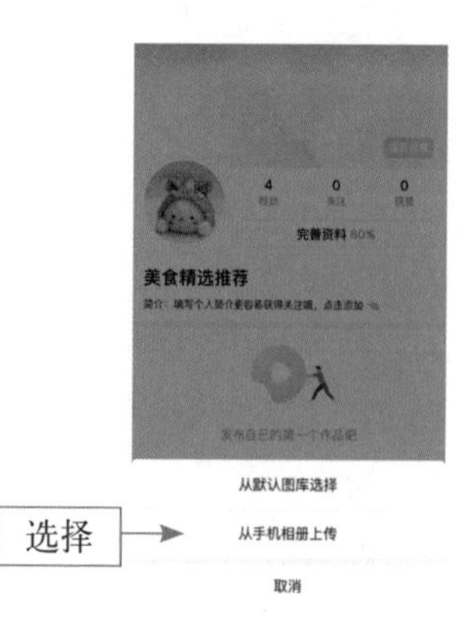

图 1-7 选择“从手机相册上传”选项

图 1-8 选择合适的照片

步骤 05 进入“预览”界面，适当地调整图片的大小和位置；点击“确定”按钮，如图 1-9 所示。

步骤 06 操作完成后，即可设置个人主页的背景图，如图 1-10 所示。

图 1-9 调整背景图

图 1-10 个人主页背景图

在设置个人主页背景图之前，运营者需要将西瓜视频 App 更新至 5.2.0 或以上版本，否则无法进行操作。

1.3 账号认证，4 个方面快速加 V

不管是哪种类型的账号，只要获得了官方认证，就与普通账号有所区别。对于运营者来说，账号认证能够在一定程度上增加权威性，进一步加深品牌在用户心中的印象；享有专属认证标识的账号，用户会给予更多的信任。对于平台来说，优先推送认证账号的优质内容，能够为用户带来更好的体验，从而增加用户黏性。这一节笔者将从 4 个方面介绍西瓜视频账号认证的方法，为运营者的账号增加权重。

1.3.1 实名认证，校验真实身份

实名认证是使用西瓜视频 App 的基本要求，运营者只有通过了实名认证，才能在平台上发布视频和其他内容，通过视频获得收益并进行变现，以及获取平台的推荐。没有进行实名认证的账号，还有被他人盗取认证的风险。实名认证对运营者来说有百利而无一害，是最重要的一步，其具体操作步骤如下。

步骤 01 打开西瓜视频移动客户端，进入“我的”界面，点击“设置”按钮，如图 1-11 所示。

步骤 02 进入“设置”界面，点击“账号与安全”选项，如图 1-12 所示。

图 1-11 点击“设置”按钮

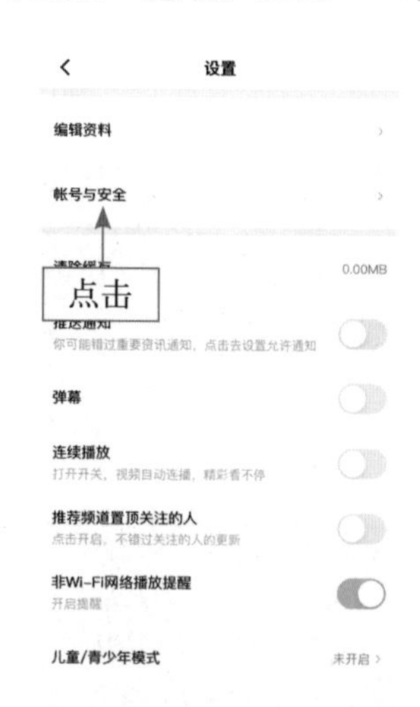

图 1-12 点击“账号与安全”选项

步骤 03 进入“账号与安全”界面，点击“实名认证”选项，如图 1-13 所示。

步骤 04 进入“身份校验”界面，根据上传要求，依次上传身份证照片；点击“提交认证”按钮，如图 1-14 所示。

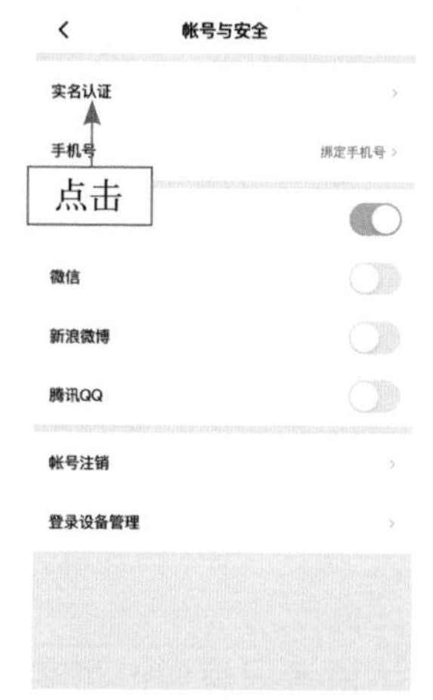
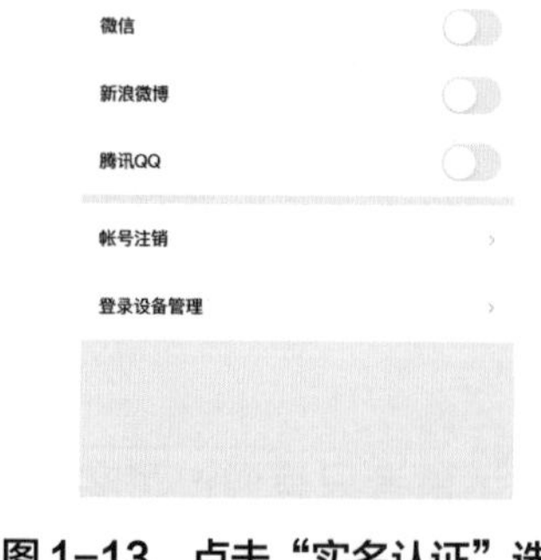

图 1-13 点击“实名认证”选项

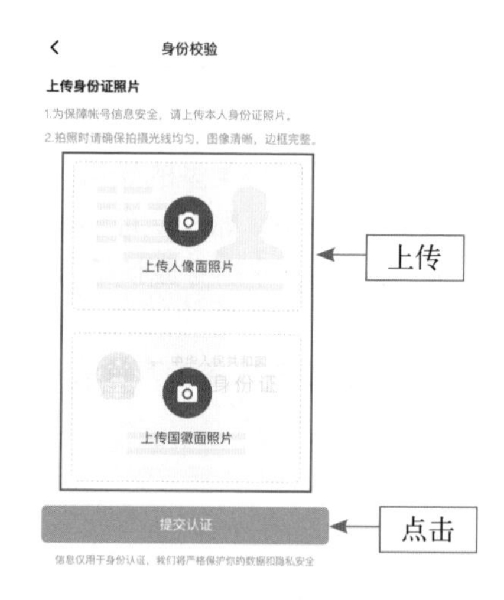

图 1-14 点击“提交认证”按钮

步骤 05 确认系统自动识别的身份信息，如有错误手动修改；点击“确定”按钮，如图 1-15 所示。

步骤 06 进入“人脸检测”界面，点击“开始认证”按钮，如图 1-16 所示。

步骤07 根据系统提示，完成人脸检测操作，如图 1-17 所示。

步骤08 点击“确定”按钮，即可完成实名认证操作，如图 1-18 所示。

图 1-15 确定身份信息

图 1-16 点击“开始认证”按钮

图 1-17 人脸检测

图 1-18 完成实名认证操作

1.3.2 职业认证，展现专业形象

职业认证适用于拥有正当职业和附加身份的作者，比如医生、律师等。运营者在填写认证信息时，可以自主勾选想要展示的认证信息，而想要隐藏的单位等

信息则可以不勾选，也就不会显示在个人主页中。

运营者的账号职业认证操作成功后，需要持续创作优质内容，如果频繁发布低质内容、违反平台规范要求或信用分低于 60 分，会被取消认证资格。当运营者的职位出现变动时，应及时更新、更改相应的认证信息。如果没有及时更改，出现的一切风险与责任，就由运营者独自承担。

需要注意的是，账号的职业认证、企业认证、兴趣认证以及资质认证等都是在头条号上进行认证操作的。运营者需要将西瓜视频账号与头条号进行绑定，认证信息审核通过后，将同步至西瓜视频账号。认证的步骤（其他类型的认证都是，后面不再赘述）具体如下。

步骤 01 打开“今日头条”移动客户端，进入“我的”界面，点击“个人主页”按钮，如图 1-19 所示。

步骤 02 进入“个人主页”界面，点击“申请认证”按钮，如图 1-20 所示。

步骤 03 进入“头条认证”界面，点击“职业认证”选项框中的“去认证”按钮，如图 1-21 所示。

图 1-19 点击“个人主页”按钮　图 1-20 点击“申请认证”按钮　图 1-21 点击“去认证”按钮

职业认证的申请条件和认证标准，包括认证职业范围和证明材料说明，都可以在职业认证的页面点击链接查看，如图 1-22 所示。

图 1-22 职业认证的申请条件和认证标准

1.3.3 企业认证，扩大品牌影响

企业认证适用于企业和群媒体的账号类型，其申请条件的具体内容如下。

(1) 账号类型需为企业或群媒体。

(2) 账号状态为正常。

(3) 用户名、账号描述和头像要符合平台规则。

(4) 运营者已上传手持身份照片。

(5) 企业经营的主体行业不属于风险行业。

企业认证是自愿的，平台并不强制要求，没有进行企业认证也不会影响账号内容的发布。图 1-23 所示为企业认证的两种不同类型。

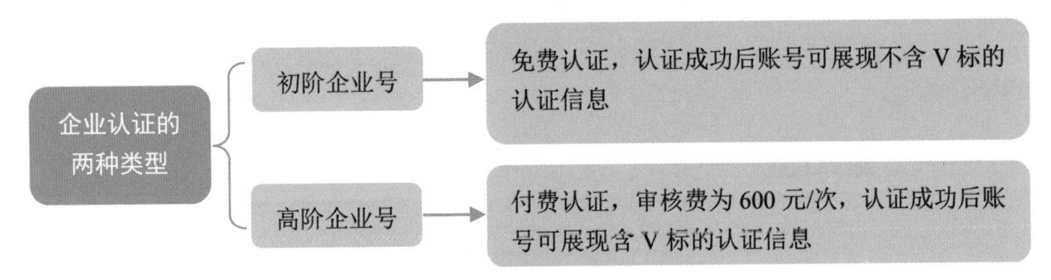

图 1-23 企业认证的两种类型

1.3.4 兴趣认证，选择合适领域

运营者在某领域持续输出能为用户带来价值的内容时，就会被平台认可为优质内容，然后可以根据账号的定位选择相应的领域进行兴趣认证，其申请条件和

认证标准如图 1-24 所示。

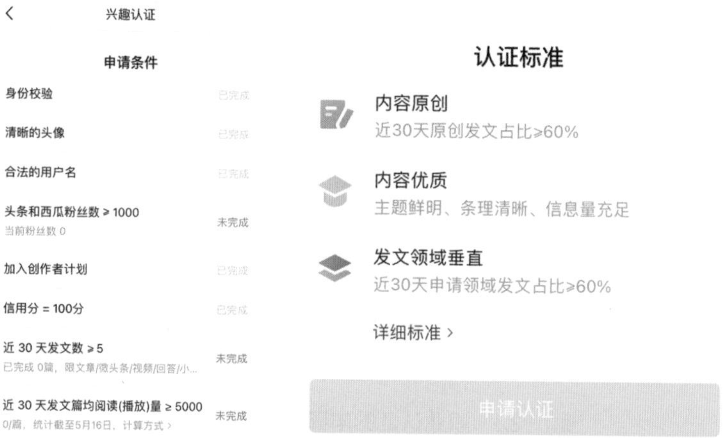

< 兴趣认证

申请条件

身份校验	已完成
清晰的头像	已完成
合法的用户名	已完成
头条和西瓜粉丝数 ≥ 1000 当前粉丝数 0	未完成
加入创作者计划	已完成
信用分 = 100分	已完成
近 30 天发文数 ≥ 5 已完成 0篇，跟文章/微头条/视频/回答/小...	未完成
近 30 天发文篇均阅读(播放)量 ≥ 5000 0/篇，统计截至5月16日，计算方式 ›	未完成

认证标准

内容原创
近30天原创发文占比≥60%

内容优质
主题鲜明、条理清晰、信息量充足

发文领域垂直
近30天申请领域发文占比≥60%

详细标准 ›

申请认证

图 1-24　兴趣认证的申请条件和认证标准

1.4　作者权益，4 个服务牢牢把握

在西瓜视频的创作过程中，为了鼓励内容创作者创作出更多优质的视频内容，平台会给予他们很多权益和服务，进而帮助其更好地运营。本节笔者将从创作激励、信用分制、视频原创以及服务帮助这 4 个方面，为大家介绍平台提供的权益和服务。

1.4.1　创作激励，提供服务权益

西瓜视频的创作激励是平台为运营者提供的一系列权益和成长体系，具体包括不同层级的创作人权益和信用分规则。图 1-25 所示为不同层级创作人权益的详细介绍。

创作人权益

- 创作人权益是西瓜视频平台提供给创作人的一系列独特功能，涉及创作、变现等多个方面。创作激励集中展示了权益的申请入口、申请条件、使用方法和使用规范，帮助创作人更高效地获得和使用权益。计划根据粉丝数将权益划分为4个层级：基础权益，千粉权益，万粉权益，五万粉权益。
- 基础权益：加入“创作激励”后，可开通“创作收益”、“视频原创”等权益。
- 千粉权益：随着粉丝增加，影响力提升，达到 1000粉丝 后可申请“视频赞赏”。
- 万粉权益：粉丝数达到 10,000 人，权益更加丰富多样。以往申请难度较大但创作人都十分渴求的功能都包含其中。“付费专栏”、“商品卡”，大大丰富了创作人变现途径。
- 五万粉权益：粉丝数达到 50 000 人，创作人将被接入“VIP客服”服务，365天全年人工答疑；“创作社群”是平台搭建的官方创作人交流社群。加入后可抢先了解平台动态，获得在线运营指导、与同领域创作人零距离交流。

图 1-25　创作人权益介绍

信用分是衡量视频内容健康程度和规范程度的分值，满分和初始分都是 100 分，如果运营者的视频内容违反了平台规则，就会扣除相应的信用分，信用分会影响权益的申请和使用，因此运营者要遵守平台的规范和规则。

1.4.2 信用分制，保持优质运营

创作激励包含的内容还有信用分，信用分和创作人权益息息相关。当运营者违反平台规定而被扣除信用分时，可以进行申诉以保持账号的优质度。运营者首先要将西瓜视频 App 更新至最新版本，具体的申诉途径如下。

专家提醒

信用分被扣除时会有消息通知，运营者可以找到相关扣分记录进行申诉。

步骤 01 打开西瓜视频移动客户端，进入“我的”界面，点击“创作中心”按钮，如图 1-26 所示。

步骤 02 进入“创作中心”界面，点击“创作激励”按钮，如图 1-27 所示。

图 1-26 点击“创作中心”按钮

图 1-27 点击“创作激励”按钮

步骤 03 进入“创作权益”界面，点击“信用分”按钮，如图 1-28 所示。

步骤 04 图 1-29 所示为信用分满分账号。运营者进入“信用分”界面，

可以查找到相关的扣分记录，并进行申诉。

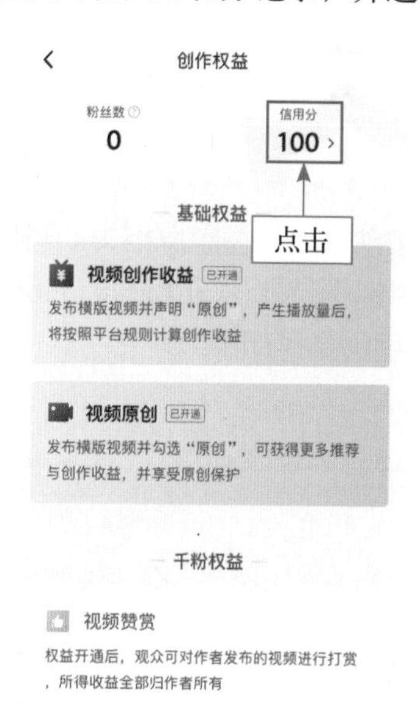

图1-28　点击“信用分”按钮

当前暂无历史记录

图1-29　信用分满分账号

1.4.3　视频原创，掌握维权技巧

“视频原创”权益可以让运营者获得更多的流量推荐和收益，并享受原创保护。判断原创视频的标准有以下几点。

(1) 视频作品中包含真人出镜。

(2) 根据视频中的内容和账号特征等信息，可以明确地判断为个人实拍作品。

(3) 对视频素材进行二次创作，并带有运营者独特的风格和特色。

以下这些情况的视频作品会被平台判定为违规原创，如图 1-30 所示。

当运营者收到平台发送的滥用视频原创通知时，可以通过提交原创证明材料进行申诉，平台工作人员会进行复审。

申诉材料一共有 3 种类型，分别是版权授权证明、视频原创证明和视频文本创作证明，具体内容如图 1-31 所示。

申诉提交后，工作人员会在 5 个工作日内完成复核。在进行申诉时，运营者还需注意以下这些事项。

(1) 相同滥用原创的申诉，仅能提交 1 次。

(2) 滥用原创惩罚具有一定的申诉时效，超时无法进行申诉。

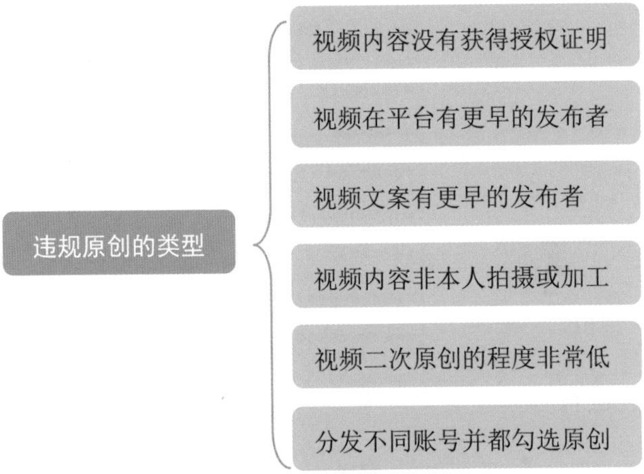

违规原创的类型

- 视频内容没有获得授权证明
- 视频在平台有更早的发布者
- 视频文案有更早的发布者
- 视频内容非本人拍摄或加工
- 视频二次原创的程度非常低
- 分发不同账号并都勾选原创

图 1-30 违规原创的类型

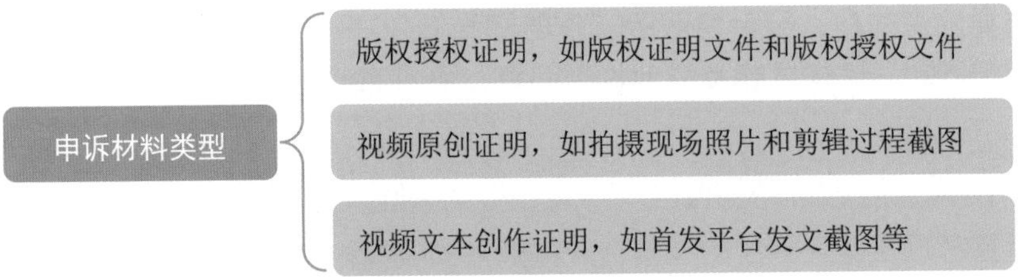

申诉材料类型

- 版权授权证明，如版权证明文件和版权授权文件
- 视频原创证明，如拍摄现场照片和剪辑过程截图
- 视频文本创作证明，如首发平台发文截图等

图 1-31 申诉材料类型

1.4.4 服务帮助，及时反馈问题

当运营者在西瓜视频平台运营的过程中，遇到了无法解决的问题和需要反馈的意见时，都可以随时联系平台客服。运营者在反馈问题时，应附加相关视频链接、视频截图等信息，尽可能详细地描述问题，以寻求最精准的解决办法。下面为大家介绍获取服务与帮助的具体方法。

步骤 01 打开西瓜视频移动客户端，进入“我的”界面，点击“反馈与帮助”按钮，如图 1-32 所示。

步骤 02 进入“反馈与帮助”界面，根据问题选择对应的选项；若没有对应的选项，点击“意见反馈”按钮，如图 1-33 所示。

步骤 03 进入“意见反馈”界面，描述问题的具体情况；点击 + 按钮，上传问题截图；输入联系方式；点击“提交”按钮，如图 1-34 所示。

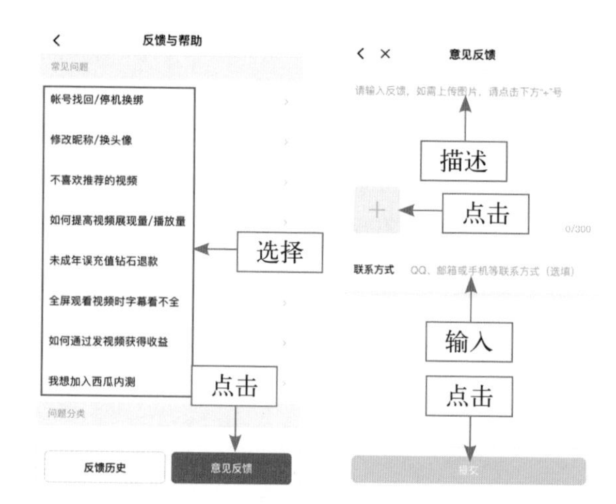

图 1–32　点击“反馈与帮助”按钮　图 1–33　点击相应按钮　图 1–34　反馈问题具体情况

需要注意的是，平台客服的工作时间为 8:30 ~ 22:30，建议运营者在工作时间反馈问题，这样才能及时地收到回复，快速地解决问题。

1.5　机制流程，2 个方面获得推荐

运营者想要得到平台的推荐，获得更多的流量和曝光，就需要了解西瓜视频平台的推荐机制和审核机制。本节笔者就为大家讲解快速获得平台推荐和通过审核的方法。

1.5.1　推荐机制，获得更多流量

要想了解推荐机制，首先就要了解用户的观看兴趣。推荐机制的原理就是为用户提供其感兴趣的内容，它就像一座桥梁，连接着用户和内容。西瓜视频平台的推荐机制有以下两个特点，如图 1–35 所示。

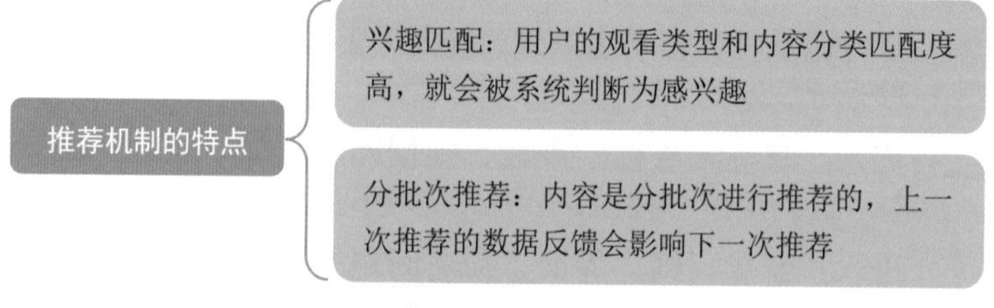

图 1–35　推荐机制的特点

在视频的第一次推荐中，如果数据反馈不理想，比如点击率低，点赞、评论和转发量少，那么，在第二次推荐时，系统就会减少推荐量。反之，如果数据反馈不错，系统就会增加推荐量。

因此，运营者要想获得更多的用户流量，就必须想办法提升视频的各种数据维度，笔者建议可以从以下几个方面着手，如图 1-36 所示。

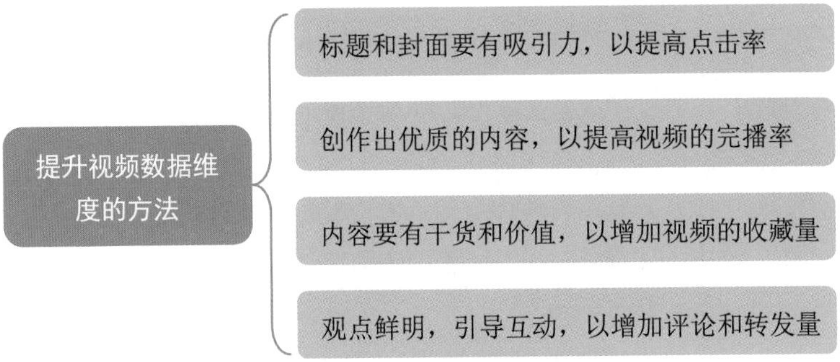

图 1-36　提升视频数据维度的方法

1.5.2　审核机制，快速发布视频

运营者在西瓜视频平台上传视频时，系统会自动对视频进行转码，然后再进行审核。不同视频所需的转码时间不同，如果视频清晰度非常高，视频文件内存会比较大，那么转码就需要较长时间。因此，为了减少转码的时间，快速地通过审核，运营者可以设置极速发布模式，这样可以大大缩短等待的时间。

极速发布模式是将运营者上传的视频先转码至高清 720P 及以下清晰度，这样可以快速地通过审核进入推荐环节，从而展现给用户观看。当视频实际清晰度完成转码后，系统将会自动替换视频。

那么，极速发布模式在哪里设置呢？运营者可以在电脑端西瓜创作平台单击“创作设置”按钮，就可以看到极速发布的设置了，如图 1-37 所示。

图 1-37　极速发布设置

> **专家提醒**
>
> 极速发布设置是系统默认开启的，并且不会影响视频的推荐。

不同视频的审核时长是不同的，一共有以下几个层级，如图 1-38 所示。

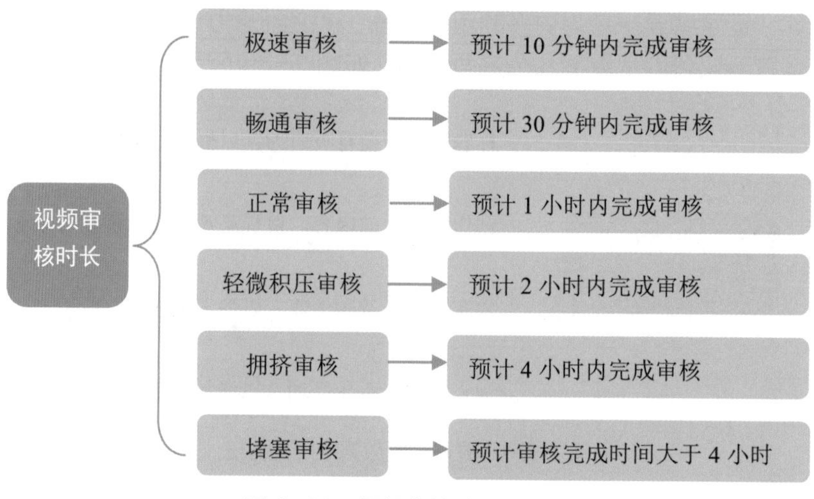

图 1-38　视频审核时长的层级

第 2 章

视频策划：掌握这些技巧让你少走弯路

运营者要想在西瓜视频平台上吸引更多粉丝、在所属领域有所成就，就必须持续输出优质内容。本章笔者就和大家分享一些视频策划的方法，帮助大家准确定位账号运营方向，找到容易上热门的视频内容，并掌握脚本的创作方法以及让视频传播得更快的技巧。

2.1 做好定位，2 个方法找准方向

运营者在做视频策划之前，首先要做好账号定位，确定账号运营的风格和方向，这样才能更好地进行创作。下面将从账号定位的维度和依据出发，为运营者详细介绍账号定位的具体方法。

2.1.1 定位维度，精准把握方向

在账号定位的过程中，运营者必须精准地把握好方向。具体来说，账号定位可以从行业、内容、用户、人设和产品 5 个维度出发。只要账号定位准确，运营者就能更轻松地进行内容创作。

1. 行业维度：确定账号领域

行业定位就是确定账号内容所属的行业和领域。通常来说，运营者在做行业定位时，要选择自己擅长的领域。例如，从事摄影行业的人员，可以在西瓜视频账号中分享摄影类的内容。图 2-1 所示为唐及科得的主页和内容呈现界面，我们可以看到该运营者就是通过提供摄影内容来吸引用户关注的。

图 2-1　通过提供摄影内容吸引用户的关注

如果西瓜视频平台上某些行业的账号已经饱和了，那么运营者就很难脱颖而出，这时便可以通过对行业进行细分，侧重从某个细分领域打造账号内容。比如，美妆行业包含的内容比较多，单纯做教人化妆的账号可能很难做出特色，但运营

者可以通过分享口红的相关内容，来吸引对口红感兴趣的人群的关注。

2. 内容维度：内容服务账号

内容定位就是确定账号发布内容的方向，并据此进行内容的创作。通常来说，运营者在做内容定位时，只需结合账号定位确定需要发布的内容，然后进行拍摄和制作视频工作即可。例如，某西瓜视频账号的定位是星空摄影，所以该账号经常发布在世界各地拍摄星空的视频，这就是准确的内容定位，如图 2–2 所示。

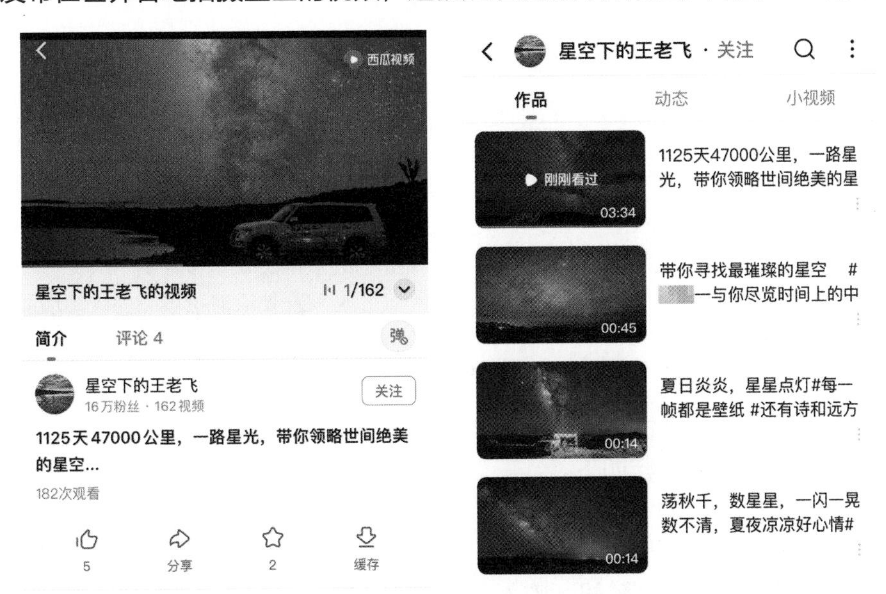

图 2–2　内容定位准确的西瓜视频账号

确定了账号的内容方向之后，运营者便可以根据该方向进行内容创作了。当然，在账号运营过程中，内容创作也是有技巧的。具体来说，运营者在创作内容时，可以运用以下这些技巧，持续打造优质内容，如图 2–3 所示。

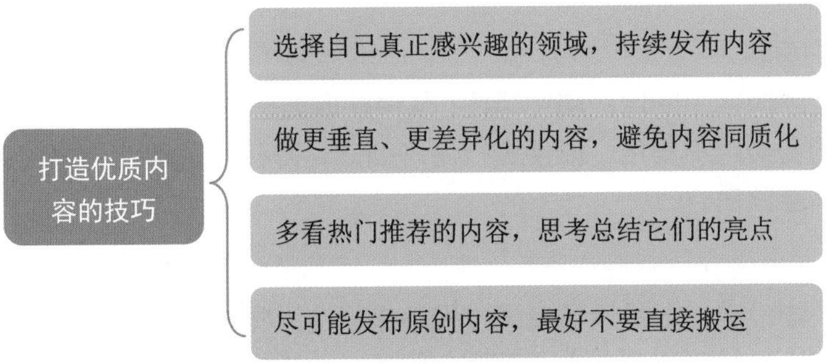

打造优质内容的技巧

- 选择自己真正感兴趣的领域，持续发布内容
- 做更垂直、更差异化的内容，避免内容同质化
- 多看热门推荐的内容，思考总结它们的亮点
- 尽可能发布原创内容，最好不要直接搬运

图 2–3　打造优质内容的技巧

3. 用户维度：找准目标人群

在账号的运营过程中，确定目标人群是至关重要的一环。而在进行账号的用户定位之前，运营者需要先了解账号发布的内容具体针对哪些人群、这些人群具有什么特性等问题。

了解账号的目标人群，是为了方便运营者更有针对性地去发布内容，然后吸引更多精准用户来关注，让账号获得更多的点赞和评论。关于用户的特征，一般可细分为两类，如图 2-4 所示。

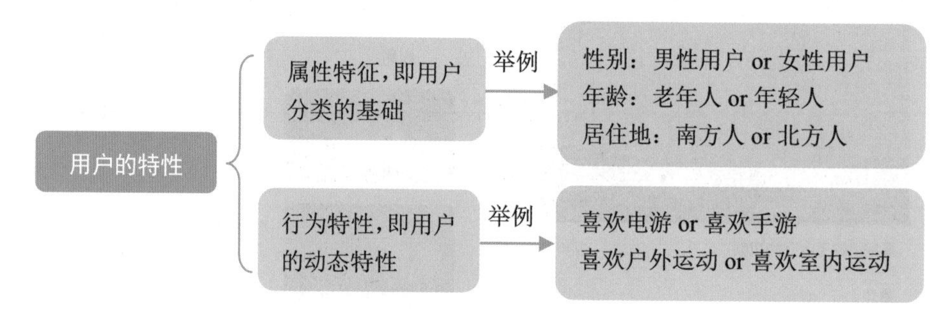

图 2-4　用户的特性分析

了解用户的基础特性之后，接下来就要做好用户定位。做好用户定位，一般包括 3 个步骤，具体内容如下。

1) 收集数据

收集数据可以采用很多种方法，比较常见的方法是通过市场调研来收集和整理平台用户的数据，如年龄段、收入和地域等，然后再把这些数据与用户属性关联起来，绘制成相关图谱，这样就能更好地了解用户的基本属性特征。

2) 用户标签

获取了用户的基本数据和特征后，就可以对其属性和行为进行简单分类，并进一步对用户进行标注，确定用户的可能购买欲和可能活跃度等，从而更准确地进行用户画像。

3) 用户画像

利用上述内容中的用户属性标注，从中抽取典型特征，完成用户的虚拟画像，构成平台的各类用户角色，以便进行用户细分，并在此基础上更好地完善运营策略和实现精准营销。

4. 人设维度：为人物贴标签

所谓人物设定，就是运营者通过视频来打造人物的形象和个性特征。通常来说，成功的人设能在用户心中留下深刻印象，让用户能够通过某些标签，快速地联想到运营者的账号。

人物设定的关键就在于准确地为运营者贴上相关标签，那么如何才能快速地为运营者贴上标签呢？其中一种比较有效的方式就是发布相关视频，呈现符合人物设定特征的一面。例如，某运营者为了突显自身的手工达人人设，发布了许多制作手工产品的视频，如图 2-5 所示。

图 2-5　通过视频树立人设

看到运营者发布的视频之后，许多用户会不禁惊呼：“不愧是手工达人！这么复杂的东西都能制作出来！”这样一来，运营者的人设便树立起来了。

5. 产品维度：考虑产品货源

大部分运营者之所以运营西瓜视频，就是希望能够借此变现，获得一定的收益，而产品销售又是比较重要的一种变现方式。因此，选择合适的变现产品，通过产品定位就显得尤为重要了。

具体来说，如何进行产品定位呢？笔者看来，根据运营者自身的货源情况，可以将产品定位分为两种：一种是根据自身拥有的资源进行定位；另一种是根据自身的业务范围进行定位。

根据自身拥有的产品进行定位很好理解，就是看自己有哪些产品是可以销售的，然后将这些产品作为销售的对象进行营销。例如，某位运营者自身拥有多种炒货的货源，于是将账号定位为炒货销售类账号。运营者不仅将账号命名为“XX炒货”，而且还通过视频对需要销售的炒货进行了重点展示，如图 2-6 所示。

根据自身的业务范围进行定位，就是在视频中插入符合自身业务的产品，然后引导用户购买该产品。这种定位方式比较适合自身没有产品的运营者，这部分运营者只需引导用户购买对应的产品，便可以获得佣金收入，如图 2-7 所示。

图 2-6　根据自身拥有的产品进行产品定位

图 2-7　根据自身业务范围进行产品定位

2.1.2　定位依据，结合各种优势

运营者除了可以从 5 个维度进行账号定位之外，还可以重点参考自身擅长的内容、企业品牌业务、用户的真实需求和市场稀缺的内容，将这 4 个方面作为西瓜视频平台账号定位的依据。这一节就分别对这 4 点进行解读。

1. 结合专长：做自己擅长的内容

对于拥有自身专长的人群来说，根据擅长的事情做定位是一种比较直接和有效的定位方法。运营者只需对自己或团队成员进行分析，然后选择某几个专长作为账号内容即可。例如，某运营者擅长弹奏吉他，于是便将自己的账号定位为分享吉他弹奏作品，并在账号中发布了许多自己弹奏吉他的视频，如图 2-8 所示。

图 2-8 结合专长进行账号定位

自身专长包含的范围很广，除了唱歌、跳舞和弹奏乐器等才艺之外，还包括其他诸多方面，游戏玩得出色也是自身的一种专长。

2. 结合业务：做具有特色的内容

相信大家看到这个标题就会明白这是企业账号常用的定位方法，许多企业和品牌在长期发展的过程中可能已经形成了自身特色，如果根据这些特色进行定位，通常比较容易获得用户的认同。根据品牌特色做定位又可以细分为两种方法：一是用能够代表企业或品牌的物象进行账号定位；二是根据企业或品牌的业务范围进行账号定位。

某品牌账号就是用能够代表品牌的物象进行账号定位的，运营者经常在西瓜视频平台上发布一些以“松鼠”这个卡通形象为主角的视频。熟悉该品牌的人都知道这个品牌的卡通形象和 LOGO 就是视频中的松鼠形象，这种通过卡通形象进行品牌表达更容易被用户记住，如图 2-9 所示。

除此之外，某企业官方账号则是根据业务范围进行账号定位的，因为该企业主要是从事与电影相关的业务，所以该账号便被定位为分享电影信息，如图 2-10 所示。

3. 结合需求：做用户需要的内容

通常来说，满足用户需求的内容更容易受到欢迎，结合用户的需求和自身专

长进行定位也是一种不错的定位方法。很多女性有化妆的习惯，但又觉得自己的化妆水平不太高，这些女性通常会对美妆类内容比较关注。在这种情况下，运营者如果对美妆内容比较了解，那么将账号定位为分享美妆内容就比较合适。

除了美妆之外，用户普遍需求的内容还有很多，美食制作便是其中之一。

图 2-9　以卡通形象为主角的视频

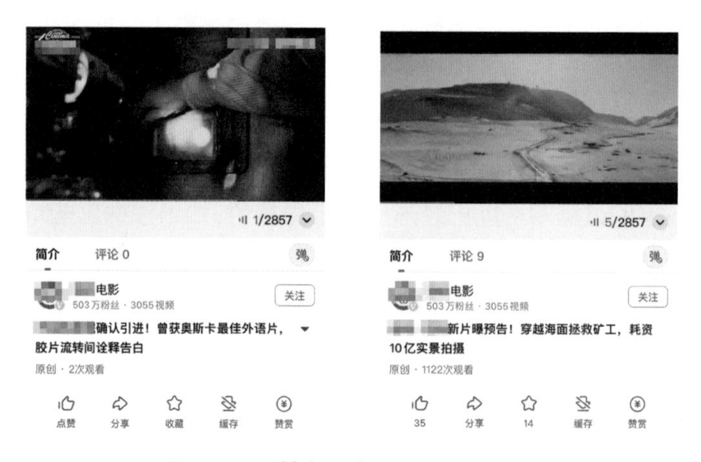

图 2-10　某电影类账号发布的视频

许多用户，特别是喜欢做菜的用户，通常会从西瓜视频平台中寻找一些新菜品的制作方法。如果运营者本身就是厨师，或者会做的菜系比较多，那么将账号定位为美食制作分享账号就很精准。

4．结合市场：做平台紧缺的内容

运营者可以根据西瓜视频平台上相对稀缺的内容进行账号定位，让用户看到发布的内容之后觉得比较新奇，很快就会被圈粉。例如，某西瓜视频账号的定位为制作迷你厨房美食，该运营者经常发布一些制作迷你厨房美食的视频，如图 2-11 所示。

图 2-11　迷你厨房美食制作类视频

除了寻找平台上本来就稀缺的内容之外，运营者还可以通过改变自身内容的展示形式，让自己的账号和内容具有一定的稀缺性。某西瓜视频账号定位为分享小狗日常生活，在这个账号中经常发布以小狗为主角的视频。

如果只是分享小狗的日常生活，那么只要养了狗的运营者都可以做，而该运营者结合小狗的表现进行了一些特别的处理，当视频中的小狗张嘴叫出声时，运营者会同步配上字幕，这样一来，小狗要表达的就是字幕打出来的内容。运营者根据这种方式制作了一系列的剧情视频，让自己的账号和内容具有了独特的风格，从而增加了稀缺性和吸引力，如图 2-12 所示。

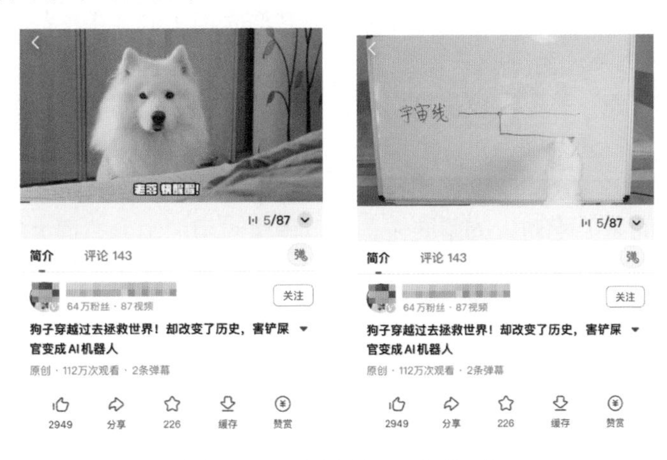

图 2-12　具有独特稀缺性的视频

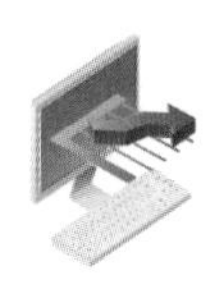

2.2 策划内容，6 个方面满足需求

运营者想让自己的视频吸引用户的目光，就要知道用户想的是什么，只有抓住用户的心理，才能增加视频的浏览量。本节笔者总结出了用户的 6 种心理，帮助运营者通过满足用户的特定需求来提高视频的吸引力。

2.2.1 赏心悦目，抓用户爱美心

做视频运营，一定要对那些热门视频时刻保持敏锐的嗅觉，及时地去研究、分析、总结它们成功的原因。不要一味地认为那些成功的人都是运气好，而要思考和总结他们是如何获得成功的。多积累成功的经验，站在“巨人的肩膀”上运营，才能看得更高、更远，甚至超越他们。

而抓住用户爱美心是打造视频的很好的方法，在各个视频平台上，许多账号运营者都是通过展示美来取胜的。一般来说，用视频展示美可以从人物颜值、美食美景分享和萌娃萌宠展示出发。

1) 人物颜值

笔者总结这一点的原因很简单，就是因为在很多视频平台上，许多运营者都是通过自身的颜值来取胜的。颜值是视频营销的一大利器，颜值较高的运营者，就算没有过人的技能，即使拍个唱歌、跳舞的视频也能吸引一批粉丝，如果再加上本身有一定的才艺，那么增粉速度就更快了。

高颜值的美女帅哥，比一般人更能吸引用户的目光，毕竟谁都喜欢看美的东西。很多人之所以刷视频，其实并不是想通过视频学习什么，而是打发一下时间，而在他们看来，欣赏帅哥、美女本身就是一种享受。

2) 美食美景分享

关于“美”的话题，从古至今，就有许多与之相关的成语，如沉鱼落雁、闭月羞花、倾国倾城等，除了表示其漂亮外，还附加了一些漂亮所引发的效果在内。当然，这里的“美”并不仅仅是指人，它还包括美食、美景等。运营者可以通过视频将美食和美景进行展示，让用户共同欣赏。

从美食方面来说，“吃穿住用行”为人的五大需求，而“吃”在这五大需求中居首位，显而易见吃对人的重要性，所以美食对用户也会有很大的吸引力。运营者可以通过食物自身的美，再加上高超的摄影技术，如精妙的画面布局、构图和特效等，打造一个高质量的视频，如图 2-13 所示。

从美景方面来说，独特的自然景观或者风土人情就有美的吸引力，很多摄影爱好者都喜欢去抓拍美景。运营者可以把城市中每个具有代表性的风景、建筑和工艺品高度地提炼出来，配以特定的音乐、滤镜和特效，打造出专属于这座城市的视频，为城市宣传找到新的突破口，如图 2-14 所示。

图 2-13 美食类视频

图 2-14 美景类视频

3) 萌宠展示

越来越多的人养宠物，甚至将宠物当成家庭中的一员。如果能把宠物日常生活中惹人怜爱、憨态可掬的一面通过视频展现出来，就能吸引许多喜欢萌宠的用户前来围观。也正是因为拥有庞大的用户需求，西瓜视频也开设了宠物频道，该频道里的与萌宠相关的视频数据很可观，如图 2-15 所示。

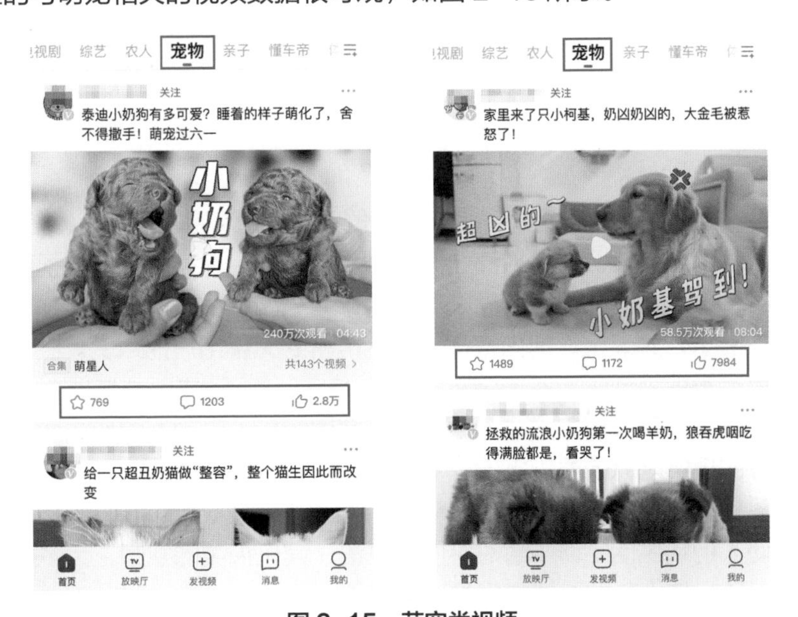

图 2-15 萌宠类视频

很多视频平台上一些萌宠账号发布的主要内容就是记录宠物生活中的趣事，因萌宠可爱有趣，让其粉丝数增长迅猛。西瓜视频平台上萌宠类账号的数量也不少，运营者要想脱颖而出，就需要重点掌握一些策划的技巧，具体分析如图 2-16 所示。

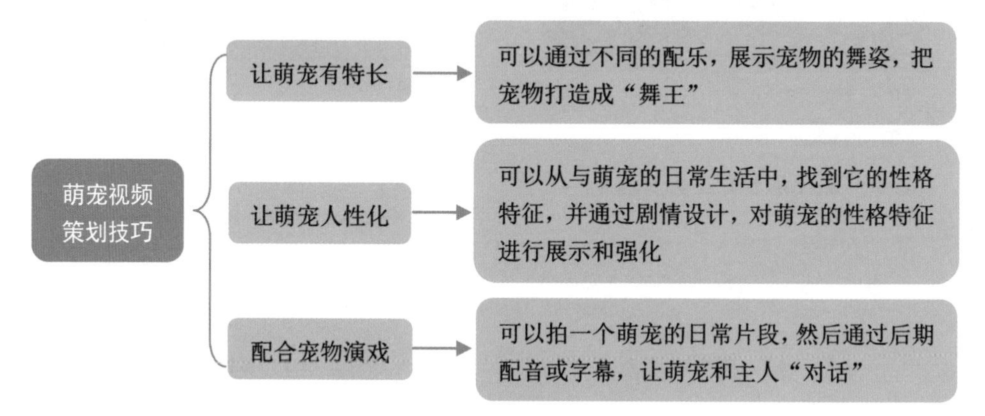

图 2-16　萌宠视频策划技巧

4) 萌娃展示

萌娃是深受用户喜爱的一个群体。萌娃本身就很可爱，而且他们的一些行为举动也让人觉得非常有趣，所以与萌娃相关的视频很容易就能吸引大量用户的目光。不过运营者需要注意的是，在视频里晒萌娃时，需要注意对家庭住址、人物信息和私人电话等相关信息进行保护，以免不法分子利用其隐私信息对儿童进行拐卖。

2.2.2　幽默搞笑，满足用户消遣心

现如今，大家在碎片时间都会掏出手机刷微博、逛淘宝以及浏览微信朋友圈，以满足自己的消遣心理。很多人都会点开西瓜视频平台上各种各样的视频，那些以传播搞笑、幽默内容为目的的视频能让人感到轻松、快乐，比较容易满足用户消遣的心理需求，笑点十足的内容很容易就能得到大量用户的点赞。图 2-17 所示为幽默搞笑类视频。

幽默视频总结了大部分人生活中有过的共同经历，以动画的形式展现出来，起到了很好的搞笑幽默效果。人们在繁杂的工作或者琐碎的生活当中，需要找到一点能够放松自己和调节自己情绪的东西，这时候就需要找一些所谓的“消遣”。那些能够使人们从生活工作中暂时跳脱出来的、娱乐搞笑的视频，大多数可以让人们会心一笑，使人们的心情变得愉悦起来。

图 2-17　幽默搞笑类视频

2.2.3　利益相关，找用户关注心

很多运营者发布的内容都是原创的，制作方面也花了不少心思，但是却得不到平台的推荐，点赞和评论也都很少，这是为什么呢？其实，一条视频想要在平台上火起来，除“天时、地利、人和”以外，还有两个重要的“秘籍”：一是要有足够吸引人的全新创意；二是内容要足够丰富。

要做到这两点，最简单的方法就是紧抓热点话题，丰富自己中视频账号的内容形式，发展更多的新创意玩法。具体来说，人们总是会对与自己相关的事情比较关注，对关系到自己利益的消息更为注意，这是很正常的一种现象。满足用户的关注心理需求其实就是指满足用户关注与自己相关事情的行为。

如果每次都借助用户的关注心理需求来引起用户的兴趣，可实际上却没有满足用户的需求，那么时间长了，用户就会对这种视频免疫。久而久之，用户不仅不会再看类似的视频，甚至还会引起用户的反感心理，拉黑或者投诉此类视频。图 2-18 所示为满足用户利益需求的视频。

图 2-18　满足用户利益需求的视频

凡是涉及用户自身利益的事情，用户都会很在意，运营者在制作视频内容的时候就可以抓住人们的这一需求，通过打造与用户利益相关的内容，来吸引用户的关注。但需要注意的是，如果想要通过这种方式吸引用户，那么视频中的内容就必须是真正与用户的实际利益相关的，不能一点实际价值都没有。

2.2.4　追忆过去，激发用户怀旧心

随着“80 后”“90 后”逐渐成为社会栋梁，这一批人也开始产生怀旧情结了，对于以往的岁月都会去追忆一下。童年的一个玩具娃娃、吃过的食品看见了都会忍不住感叹一下，发出“仿佛看到了自己的过去”的感慨。

人们普遍喜欢怀旧是有原因的，小时候无忧无虑、天真快乐，而长大之后就会面临各种各样的问题，也要面对许多复杂的人，每当人们遇到一些糟心的事情的时候，就会想起小时候的简单纯粹。

而很多运营者也看到了这方面的“大势所趋”，制作了许多“怀旧”的视频，不管是对运营者，还是对于广大用户来说，这些怀旧的视频都是很好的追寻过去的媒介。能满足用户怀旧心理需求的视频内容，通常会展示一些有关童年的回忆，比如展示童年看过的动画片，触发比较特别的回忆，如图 2-19 所示。

图 2-19　满足用户怀旧心理的视频

上图就是能满足用户怀旧心理的视频内容案例，其内容是用过去的事或物来引发用户内心对“过去的回忆”。越是在怀旧的时候，人们越是想要看看过去的事物，运营者正是抓住了用户的这一心理，进而吸引用户查看视频内容。

2.2.5　知识技能，满足用户学习心

部分用户平时在刷视频的时候，并不是毫无目的的，往往想通过浏览这些内

容来学到一些有价值的东西，扩充自己的知识面，或是增加自己的技能。所以，运营者在制作视频的时候，就可以将这一因素考虑进去，让自己的视频内容给用户一种能够满足学习心理需求的感觉。

例如，某乐器教学类运营者主要是教用户电子琴的基础入门知识，某图片编辑类运营者主要对修图软件进行基础教学，如图 2-20 所示。因为乐器和图片编辑都有广泛的受众，而且分享的内容对于用户也比较有价值，因此这两个视频账号发布的内容都能得到不少用户的支持。

图 2-20　知识教学类视频

除此之外，用户看到自己没有掌握的技能时，也会想通过视频学会该技能。技能包含的范围比较广，既包括各种绝活，也包括一些小技巧。图 2-21 所示为运营者通过西瓜视频平台展示生活小技巧。

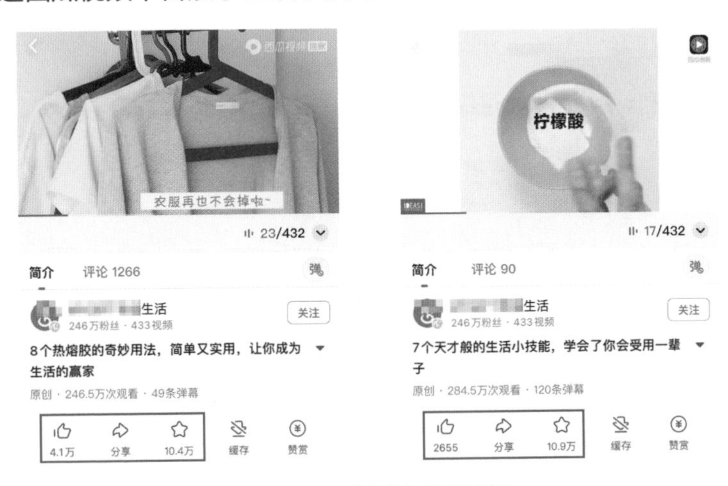

图 2-21　生活技巧类视频

运营者也可以在视频中展示一些用户轻松学得会、平时用得着的技能。如果用户觉得视频中的技能在日常生活中用得上，就会进行收藏，甚至将视频转发给自己的亲戚朋友。因此，只要运营者在视频中展示的技能在用户看来是实用的，那么播放量和收藏量通常都会比较高。

2.2.6 揭秘创意，挖掘用户猎奇心

一般来说，大部分人对那些未知的、刺激的东西都有一种想要去探索、了解的欲望，所以运营者在制作视频的时候，就可以抓住用户的这一心理，让视频内容充满神秘感，满足用户的猎奇心理，这样就能够获得更多用户的关注。

关注的人越多，视频被转发的次数就越多。猎奇心促使用户想了解自己不知道的事情，视频可以选择用户在日常生活中没见到过或没听说过的新奇事物的方向来创作。这样策划的视频，能让用户产生查看具体内容的猎奇心。

例如，西瓜视频上的运营者从揭秘的角度，深究与人们生活息息相关的租房话题，介绍它们背后不为人知的一些真相。除此之外，某运营者上传了自制传送装置的创意视频，当用户看到这个视频后，因其独特的创意而纷纷点赞，这种具有奇思妙想的内容能满足用户的猎奇心，如图 2–22 所示。

图 2–22 揭秘创意类视频

像这样具有创意性的视频其实并不一定很稀奇，而是在视频制作的时候，抓住用户喜欢的视角或者是用户好奇心比较大的视角来展开。在视频里设下悬念来满足用户的猎奇心理，引起用户的注意和兴趣。

这些视频都能体现出运营者的创意，让用户看完之后感觉到奇妙，甚至是神奇。运营者可以结合自身优势，打造出创意视频。

2.3 策划脚本，3 个主要方面

有些运营者拍摄视频的时候常常不知道如何下手，拍出来的画面也很琐碎，没有亮点，这是因为缺少脚本思维。脚本策划是拍摄前对视频的规划，本章主要介绍策划视频脚本的相关内容，如脚本创作流程、人物场景设定和脚本剧情策划等内容，帮助运营者更好地策划出吸引用户的脚本。

2.3.1 了解脚本，掌握创作流程

运营者首先要掌握脚本的主要类型、脚本内容和创作步骤，这样才能创作出优质的脚本。运营者根据编写的脚本制作视频，能够获得较为可观的播放量，其中优质视频的播放量甚至可以达到十多万。下面就来介绍脚本的具体创作流程。

1. 视频脚本，3 种主要类型

视频脚本大致可以分为 3 种类型，每种类型各有其优缺点，其适用的视频类型也不尽相同。运营者在脚本编写的过程中，只需根据自身情况，选择相对合适的脚本类型来编写即可。接下来笔者就对视频脚本的 3 种类型进行简单说明。

1) 拍摄大纲脚本

拍摄大纲脚本就是将需要拍摄的要点一一列出，并据此编写一个简单的脚本。这种脚本的优势就在于，能够让视频拍摄者更好地把握拍摄的要点，让视频的拍摄具有较强的针对性。

通常来说，拍摄大纲类脚本适用于带有不确定性因素的新闻纪录片类视频，还有场景难以预先进行分镜头处理的故事片类视频。如果运营者需要拍摄的视频内容没有太多的不确定性因素，那么这种脚本类型就不太适用了。

2) 分镜头脚本

分镜头脚本就是将一个视频分为若干个具体的镜头，并针对每个镜头安排内容的一种脚本类型。这种脚本的编写比较细致，它要求对每个镜头的具体内容进行规划，包括镜头的时长、景别、画面内容和音效等。

通常来说，分镜头脚本比较适用于内容可以确定的视频，如故事性较强的视频。而内容具有不确定性的视频，则不适用这种脚本类型，因为在内容不确定的情况下，分镜头的具体内容也是无法确定下来的。

3) 文学脚本

文学脚本就是将小说或各种小故事进行改编，并以镜头语言的方式进行呈现的一种脚本形式。与一般的剧本不同，文学脚本并不会具体指明演出者的台词，而是将视频中人物需要完成的任务安排下去。

通常来说，文学脚本比较适用于拍摄改编自小说或小故事的视频，以及拍摄思路可以控制的视频。也正是因为拍摄思路得到了控制，所以按照这种脚本拍摄视频的效率也比较高。当然，如果拍摄的内容具有太多的不确定性、拍摄思路无法控制，那么就不适合使用这种脚本了。

2. 脚本内容，确定整体的思路

在编写脚本之前，运营者还需要做好一些前期的准备工作，确定视频的整体内容思路。具体来说，编写脚本需要做好的前期准备工作如下。

1) 拍摄的内容

每个视频都应该要有明确的主题，以及为主题服务的内容。而要明确视频的内容，就需要运营者在编写脚本时先将拍摄的内容确定下来，列入脚本中。

2) 拍摄的时间

有时候拍摄一条视频涉及的人员可能比较多，此时就需要确定拍摄时间，来确保视频拍摄工作的正常进行。另外，有的视频内容可能对拍摄时间有一定要求，这类视频的制作也需要在编写脚本时就将拍摄时间确定下来。

3) 拍摄的地点

许多视频对于拍摄地点都有一定要求，视频是在室内拍摄，还是在室外拍摄；是在繁华的街道拍摄，还是在静谧的山林拍摄？这些都应该在脚本编写时确定下来。

4) 使用的背景音乐

背景音乐是视频内容的重要组成部分，如果背景音乐用得好，甚至可以成为视频的点睛之笔。因此，在编写脚本时，可以选择适合视频的背景音乐。

3. 脚本编写，3 个创作步骤

视频脚本的编写是一个系统工程，一个脚本从空白到完成整体构建，需要经过 3 个步骤，具体如下。

1) 确定主题

确定主题是视频脚本创作的第一步，也是关键的一步。因为只有主题确定了，运营者才能围绕主题策划脚本内容，并在此基础上将符合主题的重点内容有针对性地展示给核心目标用户。

2) 构建框架

主题确定之后，接下来需要做的就是构建起一个相对完整的脚本框架。例如，可以从人物、时间、地点、事件以及结果的角度，勾勒视频内容的大体框架。

3) 完善细节

内容框架构建完成后，运营者还需要在脚本中对一些重点的内容进行细节完善，让整个脚本内容更加具体化。

例如，从人物的角度来说，运营者在脚本编写的过程中，可以对视频中出镜人员的穿着、性格特征和特色化语言进行策划，让人物更加形象和立体化。

2.3.2 编写脚本，设定人物场景

在编写脚本的过程中，运营者首先要做好人物设定和场景设定。人物和场景是视频内容的两个重要元素，运营者需要重点把握。

1. 人物设定，构建立体形象

人物设定的关键就在于通过人物的台词、情绪的变化以及性格的塑造等方面，来构建一个立体化的形象，使用户看完视频之后，就对视频中的相关人物留下深刻印象。除此之外，成功的人物设定，还能让用户通过人物表现，对人物面临的相关情境更加地感同身受。

旁白和台词是表现人物形象的重要组成部分，出彩的人物对话，能够对剧情起到推动作用。因此，运营者在编写脚本时需要对人物对话多一分重视，一定要结合人物的形象来设计对话。

有时候为了让用户对视频中的人物留下深刻印象，运营者甚至需要为人物设计特色的口头禅。那么，运营者如何提高旁白和台词的写作能力呢？可以从以下6个方面出发。

1) 台词念出来

耳朵对这些内容的灵敏度比眼睛要高得多，可以自己读出来，或者找人朗读脚本。如果写的台词长到要很长时间才能念完，或听上去有令人难以理解的内容，那就应该立即更改。

2) 拒绝演讲稿

演讲稿模式的对白台词，会让视频的故事节奏彻底被打乱，即使成片播放时也会让看到的用户感到极其不自然，很容易出戏，从而导致用户失去观看视频的兴趣。

3) 注意角色姓名

在正常的对话中，人们不会一次次地叫对方姓名，尤其只有两个人对话的时候。除非因为特别的目的而提到姓名（如说明、警告）时，姓名都应该被省略。

4) 注意台词词性

运营者在创作脚本时最好不用副词，减少表达情感或者情绪的用词（如愤怒地、高兴地、伤心地）。因为如果对话写得好，副词就是多余的，更别提这些词白白地占用了那么多宝贵时间。

5) 别过分“接地气”

千万别过分追求“接地气”，要使用标准用语书写方言。很多新人认为，他

们写家乡话是一件很潮流的事情，但事实上是事倍功半。

6) 果断删减

删除不推动剧情、不能揭示角色性格、也不能解决剧中矛盾的对话。尽管这种对话在生活中十分常见，但在撰写脚本时需要注意，如果这种对话没有实际意义，就不应该出现在脚本中。

2. 场景设定，打造具体画面

场景的设定不仅能够对视频内容起到渲染作用，还能让视频的画面更加具有美感、更能吸引用户的关注。具体来说，运营者在编写脚本时，可以根据视频主题的需求，对场景进行具体的设定。例如，要制作宣传厨具的视频，便可以在编写脚本时，把场景设定在一个厨房中。

运营者在剧情策划阶段一定要明确定位视频的主题，首先可以进行市场调研，对网络中比较火爆的视频内容和其他视频平台进行调研和统计；其次，还要关注用户的需求，并将视频的看点和应用场景结合起来。

2.3.3 创作脚本，策划视频剧情

运营者在创作剧情脚本时，把握了剧情结构设置的技巧，就能实现创作自由，轻松地写出让用户看了还想看的脚本。下面笔者就给大家介绍如何只用 3 个步骤，创作出剧情脚本的万能模板。

1. 提出问题，引发用户好奇

创作剧情脚本的第一步，就是在片头提出问题，体现矛盾和冲突，快速吸引用户眼球。开头首先介绍故事的起因、主要人物、内容主题和内容背景等信息，为故事的后续发展埋下伏笔、留下悬念。

在视频剧情脚本的设置上，一开始直接展示问题和矛盾，比传统电视剧带给用户的观感更加刺激。因为视频时间短、节奏快，在开头 10 ~ 15 秒内就要吸引用户眼球，否则用户没有兴趣继续观看。

运营者该如何在短时间内更好地展现矛盾和冲突呢？关键就是要打破用户平静的心理状态，可以利用“熟悉＋意外”的公式。“熟悉”的场景和对话等要素，能让用户快速地被带入情境，突如其来的“意外”，会打破用户的常规思维，带来意想不到的惊喜，让用户对接下来的剧情产生浓厚的兴趣。

图 2–23 所示为快节奏开头的剧情视频。在这则西瓜视频的剧情视频中，第一幕就是各种各样的人上门向欠钱不还的黑心老板讨债。在公司内，一个债主拿出欠条让黑心老板还钱，不然就上法院告他，黑心老板不仅对债主恶言相向，而且还得意地让债主仔细查看欠条，原来欠条上的名字是错的，根本不具有法律效

力。黑心老板一边想方设法地拖欠着很多人的辛苦钱，一边却在商场疯狂地刷卡购物，短短几幕就充分地展现了冲突与矛盾，瞬时引爆剧情话题。

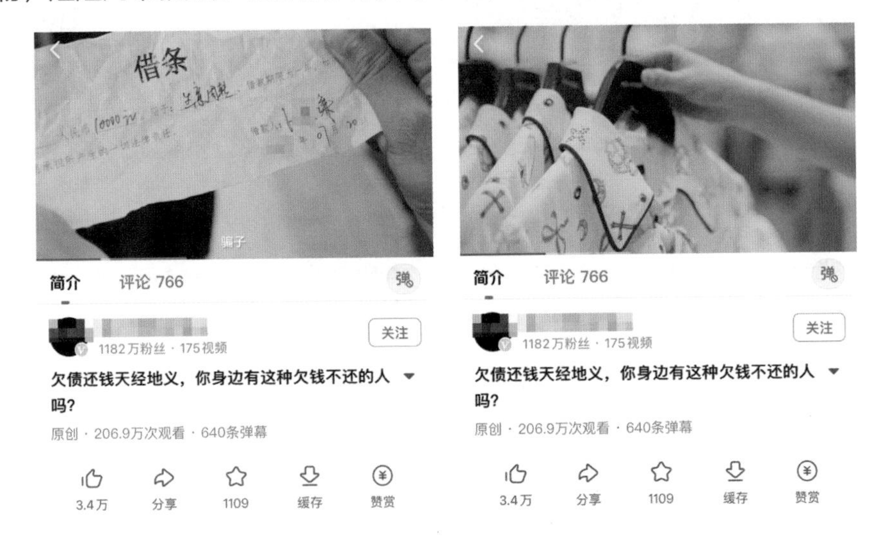

图 2-23　比较吸引用户的快节奏开头视频

2. 制造矛盾，刺激用户情绪

创作剧情脚本的第二步是制造矛盾，刺激用户情绪。此时人物之间的矛盾不断加深，情节上也有突然变化。一般来说，视频的剧情紧凑，但还是应该让主角突破两重关卡，只有跌宕起伏的剧情才能带动用户的情绪。

矛盾冲突的脚本情节设计让视频的内容更加真实、更加符合逻辑，让故事逐渐走向高潮。在视频里，让人物遭遇困境的情境有很多，比如学生党努力备考却依然落榜、职场新手被压榨欺负以及老友相聚被嘲笑等。

大家在生活中遇到的困难都是大同小异的，运营者可以根据平时的观察和积累，建立一个素材库，也可以称为“困难清单”。

运营者可以根据人物的社会角色来建立“困难清单”，学生、老板、老师、白领、工人、外卖员等，各种社会角色遇到的困难都是各不相同的，可以编织出无数个精彩的故事。除此之外，运营者还能根据地点建立“困难清单”，办公室、学校、地铁站、超市以及宿舍等，生活中随处可见的场景，都能让故事更深入人心。

以上面的剧情视频为例，第二幕展现的是黑心老板不断地找借口回避催债人，甚至谎称自己的妈妈得了癌症和公司破产无法周转资金。正当黑心老板得意扬扬的时候，突然接到了妈妈的电话，妈妈竟真的患了胃癌需要巨额手术费，黑心老板急忙找财务要钱，没想到刚出门就遇到了法院的工作人员，收到了公司破产的判决书，如图 2-24 所示。

图 2-24　剧情视频的高潮

3. 解决问题，满足用户期待

创作剧情脚本的第三步是解决问题，满足用户期待。结尾会承接上一步激烈的冲突矛盾，将整个剧情推至高潮。最终这则剧情视频里黑心老板撒过的谎全都变为现实，这种坏人被惩治的结局设定，既在情理之中，又符合观众心中的期待，如图 2-25 所示。

图 2-25　剧情视频的结尾

用户通过视频获得良好的体验后，积压已久的情绪最终得到释放。正能量视频总是能得到用户青睐的原因，就是利用了用户的同理心。用户将自己代入人物的情境，一开始处处不得意，最终扬眉吐气，这种剧情极大地满足了用户的心理需求。

如果想让用户获得更多新鲜感，运营者可以设置开放式结局，留下悬念，引发用户思考，还可以考虑做系列视频，将故事规模不断扩大，吸引用户关注。

2.4 内容优化，4 种技巧快速推广

运营者在制作视频内容时，除了注意主题方面要有特色外，还应该注意一些细节，从大家喜欢的内容形式出发来打造爆款内容，进而推动视频内容在西瓜视频平台上传播。本节就从 4 个方面出发，介绍促进西瓜视频内容推广的技巧。

2.4.1 贴近生活，解决用户难题

运营者和用户都是处于一定社会环境下的人，一般会对生活有着莫名的亲近和深刻的感悟。因此，运营者在创作视频内容时，首先要注意贴近生活，这样才能接地气，引起用户关注。

具体来说，贴近人们的真实生活，有利于帮助人们解决平时遇到的一些问题，或者可以让人们了解生活中的一些常识。大多数用户看到这类视频时，都会基于生活的需要而忍不住点击观看视频。

2.4.2 直接叙述，第一人称表达

在日常生活中，人们总是更愿意相信亲身实践、亲眼所见和亲耳所听的事情，即使它不是真正的事实。如果运营者在视频内容中多增加亲身实践、亲眼所见和亲耳所听的“第一人称”的叙述和说明，那么相较于软文、语音内容来说就更具有真实感，也能更好地引导用户关注。

运营者通过视频内容推广企业产品和品牌时，会更有说服力。在视频内容中使用“第一人称”来叙述某些事物，目的就是打造一个有着鲜明个性化特征的角色，这也是让视频更具有现场感的关键步骤。

运营者使用“第一人称”表达方式打造视频内容，不仅有利于构建人格化形象，还可以通过真人出镜来提升信服感，特别是在有流量的明星、达人参与的情况下，其关注度将会更高，传播效果也会更好，运营者可以多使用这一方法对视频进行推广宣传。关于视频中的“第一人称”表达方式，具体分析如图 2-26 所示。

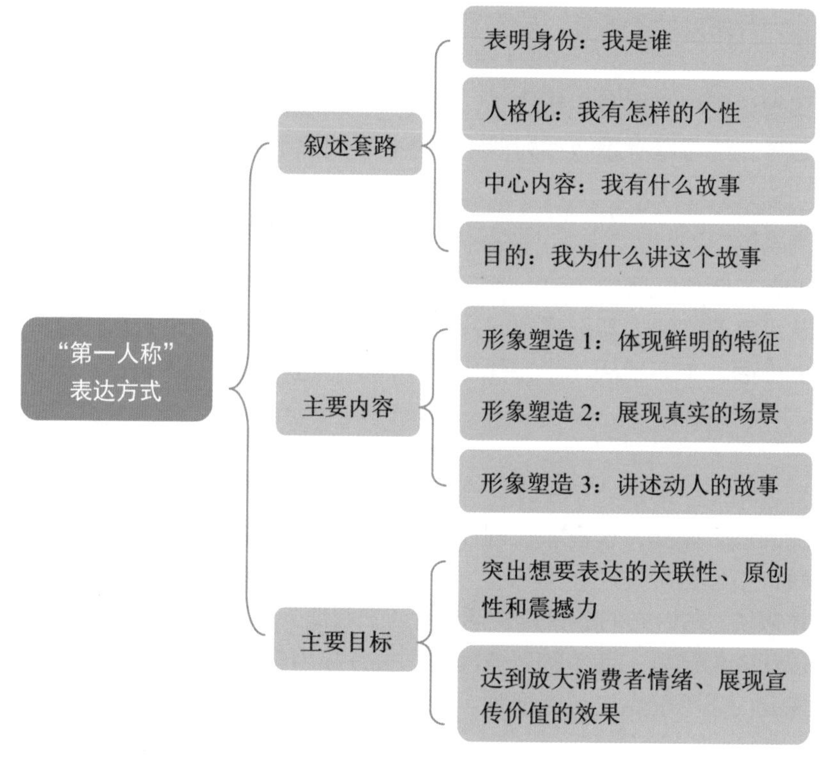

图 2–26 “第一人称”表达方式分析

2.4.3 热门内容，获取实时流量

用户在观看视频时，考虑是否继续观看该视频的时间往往不会太长。因此，运营者要做的就是让用户在一瞬间决定留下来观看视频。而要做到这一点，借助热门内容的流量并激发用户共鸣就显得尤为重要，那么运营者如何才能做到这一点呢？

在笔者看来，运营者应该从两个方面着手。一方面是寻找用户关注的热门内容，这也是运营者推广和传播视频时必要的方法和策略；另一方面，运营者可以利用西瓜视频 App 上的一些能快速、有效地获取流量的活动或话题，参与其中进行推广，这样也能增加视频的曝光度和点击量。

当然，在寻找热门内容之前，运营者应该有一个大体的方向，也就是要有一个衡量标准——哪些内容更有可能让用户喜欢关注和乐于传播，这样才能让自己创作的视频内容在激发用户共鸣方面起作用，进而大火。

其实，用户感兴趣的内容有很多，且不同用户的兴趣点和情绪点也不同，运营者可选择的方向就更多了。但是，运营者要想快速地实现运营推广目标，从以下 4 个方向选择热门内容较为合适，如图 2-27 所示。

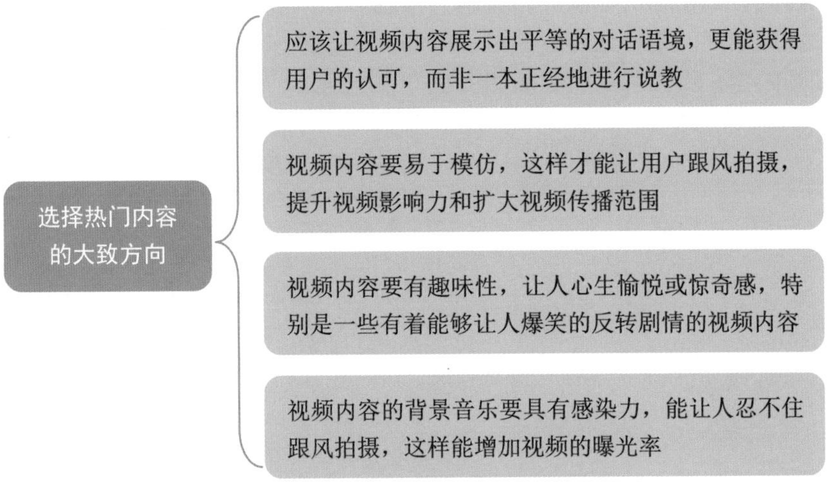

选择热门内容的大致方向

- 应该让视频内容展示出平等的对话语境，更能获得用户的认可，而非一本正经地进行说教
- 视频内容要易于模仿，这样才能让用户跟风拍摄，提升视频影响力和扩大视频传播范围
- 视频内容要有趣味性，让人心生愉悦或惊奇感，特别是一些有着能够让人爆笑的反转剧情的视频内容
- 视频内容的背景音乐要具有感染力，能让人忍不住跟风拍摄，这样能增加视频的曝光率

图 2-27　选择热门内容的大致方向

2.4.4　讲述故事，引发用户共鸣

在打造优质视频时，运营者要尽量向用户传达重点信息，这里指的不是营销人员认为的重点，而是用户的需求重点。以销售产品的视频为例，用户在观看这类视频时，一般想要了解以下信息，如图 2-28 所示。

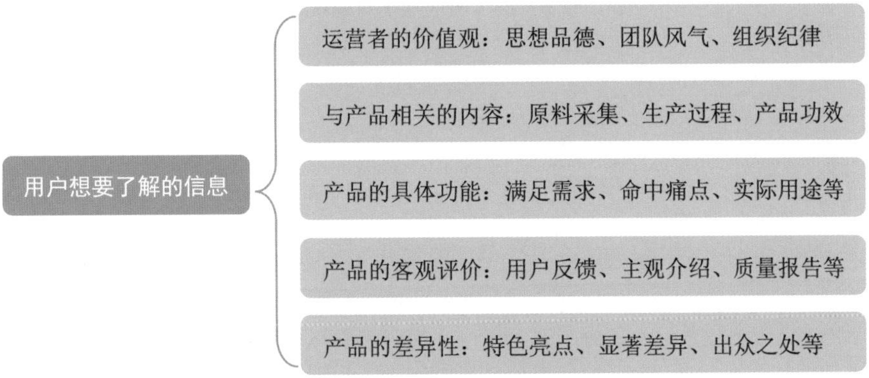

用户想要了解的信息

- 运营者的价值观：思想品德、团队风气、组织纪律
- 与产品相关的内容：原料采集、生产过程、产品功效
- 产品的具体功能：满足需求、命中痛点、实际用途等
- 产品的客观评价：用户反馈、主观介绍、质量报告等
- 产品的差异性：特色亮点、显著差异、出众之处等

图 2-28　用户想要了解的信息

因此，运营者在视频中传递这些信息内容时，为了避免用户产生抵抗和厌烦心理，可以采取讲故事的形式进行展示。讲故事不同于单调死板的介绍，它能够很好地抓住用户的注意力，让用户产生情感共鸣，从而更加愿意接收视频中的信息。运营者所讲的故事要与企业、产品和用户密切相关。

因此，运营者要想打造出受人欢迎和追捧的视频，就应该从各个角度考虑、分析如何更好地利用讲故事的方式来传播内容。同理，如果运营者的视频内容是帮助企业做推广，要想让内容达到更好的传播效果，也可以利用讲述故事的方式打造视频内容，具体思路与要点如图 2-29 所示。

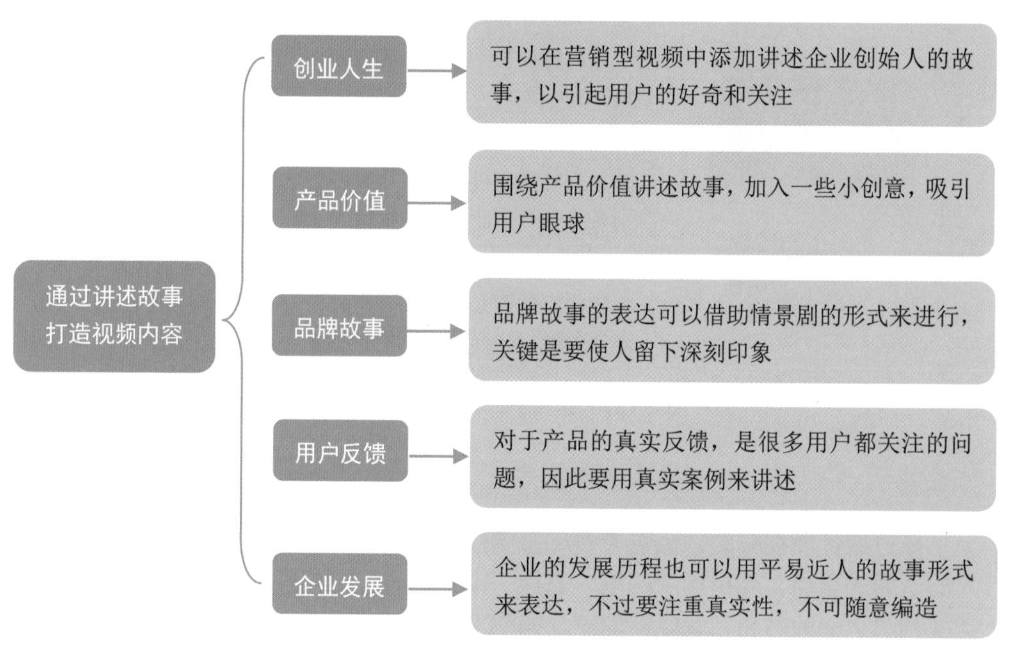

图 2-29　通过讲述故事打造视频内容

第 3 章

视频拍摄：普通人也能拍出精彩的大片

运营者要想拍出精彩的大片，首先要选择适合西瓜视频平台的画幅设置，以便呈现给用户最佳的视觉感受。这一章主要介绍西瓜视频 App 的 4 个录制功能和 5 个提升拍摄技能的干货技巧，帮助运营者拍出精彩绝伦的大片。

3.1 视频录制，4 种功能打造爆款

为了给运营者提供更加方便的拍摄方式和种类丰富的拍摄工具，西瓜视频 App 上线了全新的拍摄功能，运营者利用西瓜视频 App 自带的拍摄功能，就能拍出精彩绝伦的大片。下面主要介绍 4 种拍摄功能的基本使用方法，为运营者打造爆款视频打下良好的基础。

3.1.1 选择画幅，推荐横屏展示

西瓜视频作为中视频平台，视频主要是以横屏方式展现的，为了提供给用户更好的观感和体验感，运营者应该在视频拍摄录制时选择使用横版画幅进行拍摄。选择横版画幅拍摄视频，能够扩大相机的取景区域，从而获得更广阔的画面展示效果，运营者上传发布横版画幅的视频，也能够获得平台更多的推荐机会。

运营者选择横版画幅时，建议横着拿手机进行拍摄，这样不仅能够获得最佳取景效果，而且还符合平台视频展示模式。目前，西瓜视频 App 可支持拍摄 16:9、18:9 和 21:9 比例的横版画幅视频，下面就为大家介绍设置画幅比例的具体办法。

步骤 01 打开西瓜视频 App，点击“发视频”按钮，如图 3-1 所示。

步骤 02 进入相应界面，点击“现在开拍”按钮，如图 3-2 所示。

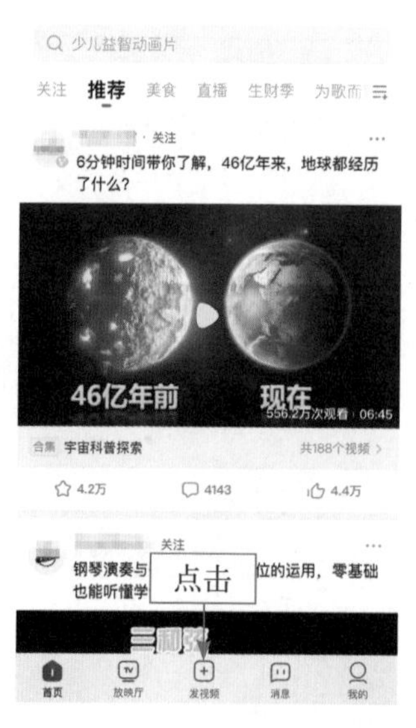

图 3-1 点击“发视频”按钮

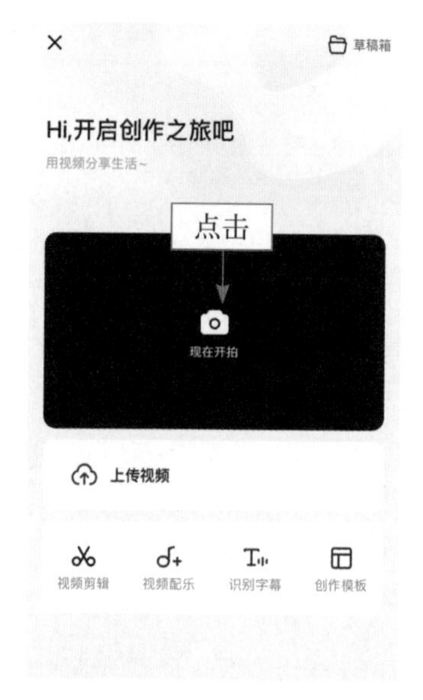

图 3-2 点击“现在开拍”按钮

步骤 03 进入视频拍摄界面，点击“画幅”按钮 18:9，如图 3-3 所示。

步骤 04 在弹出的选项面板中，选择“18:9”画幅比例选项，如图 3-4 所示。

图 3-3　点击“画幅”按钮

图 3-4　选择“18:9”画幅比例选项

运营者选择好合适的画幅比例后，点击屏幕任意位置即可退出此界面，并根据需要进行下一步操作。

3.1.2　选择滤镜，优化画面效果

不同的视频有不同的画面效果，运营者可以根据视频的内容、类型和风格等因素，选择一个合适的滤镜，展示视频画面的最优效果。下面就为大家介绍设置滤镜的具体方法。

步骤 01 进入视频拍摄界面，点击“滤镜”按钮，如图 3-5 所示。

步骤 02 进入“滤镜”界面，选择“明亮”选项，运营者可以根据喜好选择合适的滤镜效果，如图 3-6 所示。

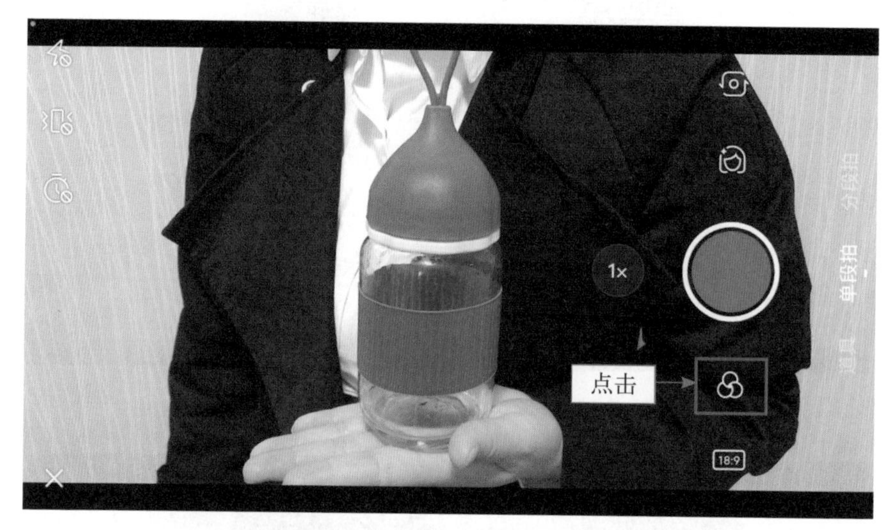

图 3-5 点击“滤镜”按钮

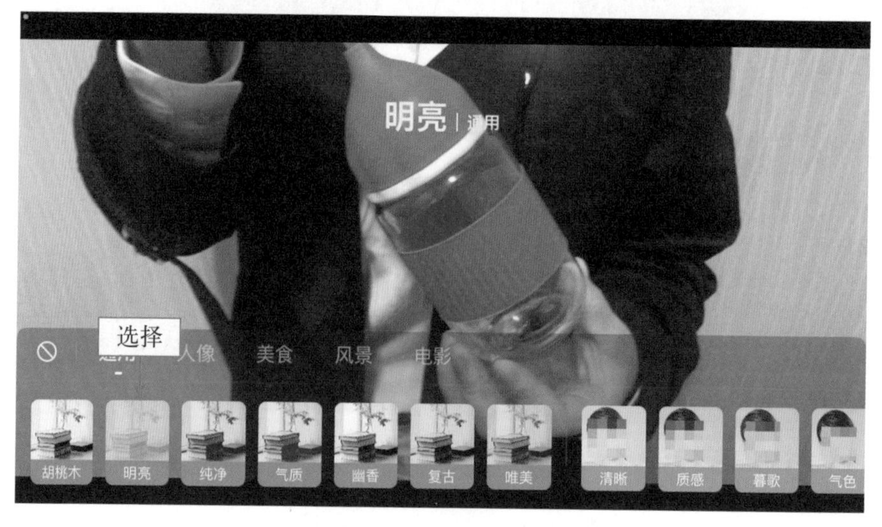

图 3-6 选择“明亮”选项

3.1.3 开启美颜，美化精致人像

当运营者需要真人出镜时，可以使用美颜功能进行人像美化，让人像更精致，优化上镜效果。西瓜视频 App 的美颜功能支持磨皮、瘦脸、大眼和美白等一系

列操作，能够满足运营者的基本需要。下面就为大家介绍开启美颜的具体操作方法。

步骤01 进入视频拍摄界面，点击“美颜”按钮，如图3-7所示。

图3-7 点击“美颜”按钮

步骤02 进入“美颜”界面，点击“磨皮”按钮；拖曳滑块至合适的位置，如图3-8所示。

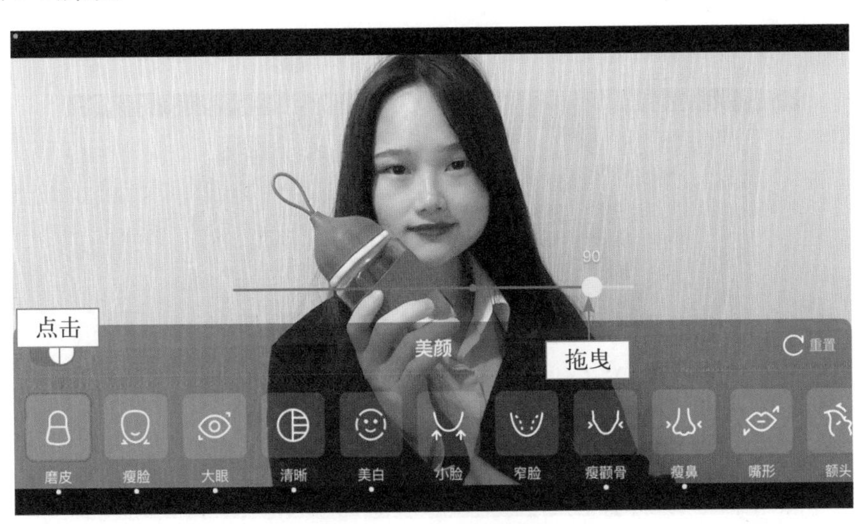

图3-8 点击相应按钮

运营者也可以根据人像的具体情况选择其他的美颜效果，点击屏幕任意位置即可退出此界面，并根据需要进行下一步操作。

3.1.4 多段拍摄，自由切换场景

西瓜视频 App 拍摄功能支持拍摄多段视频，这就意味着运营者拍摄完一段视频后，可以继续拍摄下一段，无须退出拍摄界面就能采集多段素材，同时还能一键导入拍摄的多段视频进行剪辑。运营者可以运用拍摄多段视频功能自由地切换拍摄场景，增加视频的多样性。下面就为大家介绍拍摄多段视频的具体操作方法。

步骤 01 进入视频拍摄界面，点击“分段拍”按钮；点击“拍摄”按钮进行拍摄，如图 3-9 所示。

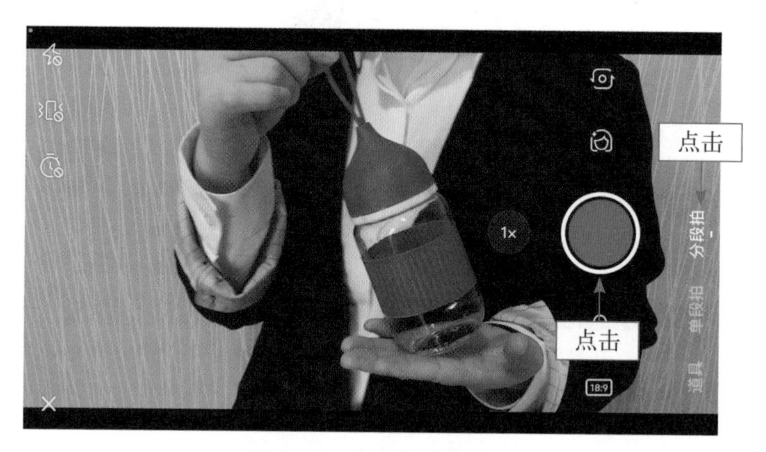

图 3-9 点击相应按钮

步骤 02 视频拍摄完成后，点击“终止”按钮，如图 3-10 所示。

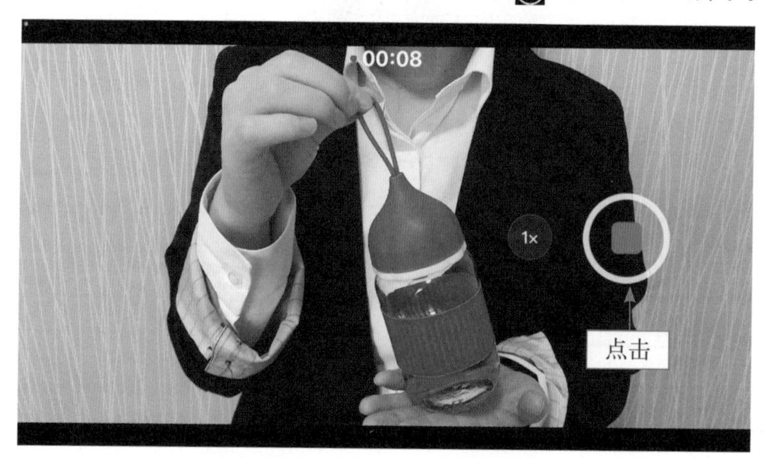

图 3-10 点击“终止”按钮

步骤 03 切换拍摄场景，点击“拍摄”按钮进行拍摄，如图 3-11 所示。

步骤 04 视频拍摄完成后，点击“终止”按钮，如图 3-12 所示。

图 3-11 点击“拍摄”按钮

图 3-12 点击“终止”按钮

步骤 05 进入视频拍摄界面，点击“拍好了”按钮，如图 3-13 所示。

图 3-13 点击“拍好了”按钮

以上就是西瓜视频 App 多段拍摄的基本操作方法，运营者可以利用这项功能自由地切换场景，充分发挥创意，拍摄和制作出令用户眼前一亮的视频。

3.2 拍摄干货，5 个要点提升技能

掌握了西瓜视频录制的基本功能后，运营者还需进一步学习拍摄的知识和技巧，例如了解哪些是适合创作的拍摄工具，如何才能拍出更加稳定清晰的视频，如何构图让视频更具美感，拍摄视频大片的分镜技巧以及利用光线提升视频画质等。下面就来详细介绍一些拍摄的干货技能，帮助运营者制作出更精美的视频。

3.2.1 拍摄工具，选择合适设备

视频的主要拍摄设备包括手机、单反相机、微单相机、迷你摄像机、专业摄像机、搭载摄像头的无人机和运动相机等，运营者可以根据自己的资金预算进行选择。

运营者首先需要针对自己的拍摄需求做一个定位，到底是用来进行艺术创作，还是单纯记录生活，对于后者，笔者建议选购一般的单反相机、微单或者好点的拍照手机即可。只要运营者掌握了正确的技巧和拍摄思路，即使是便宜的摄影设备，也可以创作出优秀的视频作品。

1. 智能手机

对于那些对视频品质要求不高的运营者来说，普通的智能手机即可满足正常的拍摄需求，这也是目前大部分运营者使用的拍摄设备。图 3-14 所示为某品牌的手机，其主摄像头拥有 1/1.12 英寸大底，拍照能力基本接近黑卡相机。

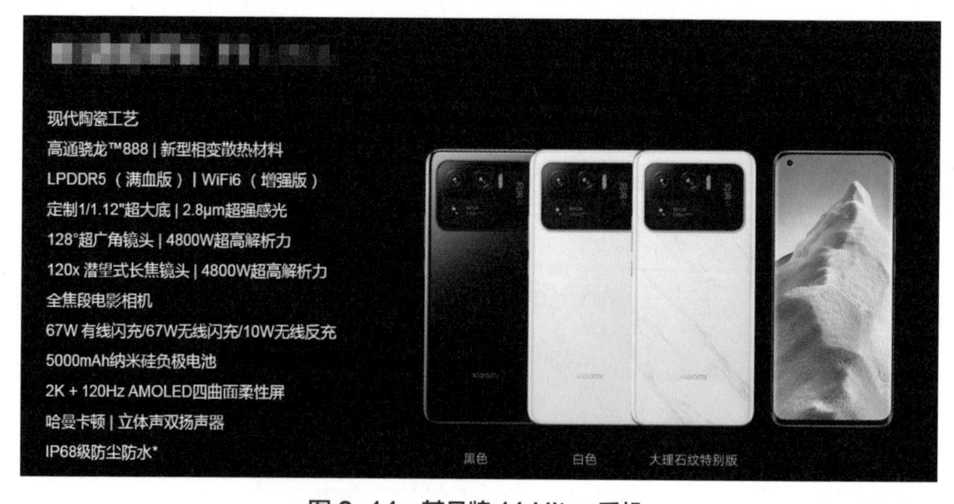

图 3-14　某品牌 11 Ultra 手机

智能手机的摄影技术在过去几年里得到了长足进步，手机摄影也变得越来越流行，其主要原因在于手机摄影功能越来越强大、手机价格比单反更具有竞争力，以及分享上传视频更便捷等。手机可以随身携带，满足随时随地拍视频的需求，让运营者进入到“全民拍视频时代”中。

2. 专业相机

如果运营者是专业从事摄影或者视频制作方面的工作，或者是“骨灰级”的视频玩家，那么单反相机或者高清摄像机是必不可少的摄影设备，如图 3-15 所示。

图 3-15　单反相机和高清摄像机

此外，这些专业设备拍摄出来的视频作品通常还需要结合电脑的后期处理，否则不能将效果完全展现出来。

专家提醒

微单是一种跨界产品，功能定位于单反和卡片机之间，最主要的特点就是没有反光镜和棱镜，因此体积也更加微型小巧，同时还可以获得媲美单反的画质。微单比较适用于普通运营者的拍摄需求，不但比单反轻便，而且还拥有专业性与时尚的特质，同样能够获得不错的视频画质表现力。

笔者建议运营者购买全画幅的微单相机，因为这种相机的传感器比较大，感光度和宽容度都比较高，拥有不错的虚化能力，画质也更好。同时，运营者可以根据不同的视频内容题材，来更换合适的镜头，拍出有电影感的视频画面效果。

3. 无人机

现在很多运营者都喜欢使用无人机来拍摄视频，这样可以通过不同的视角来展示作品的魅力，带领观众欣赏到更美的风景。随着无人机市场越来越成熟，现在的无人机体积越来越小巧，有些无人机只需要一只手就能轻松拿住，出门携带也方便，比如某品牌 MAVIC 2 系列无人机，如图 3-16 所示。

图 3-16　某品牌 MAVIC 2 系列无人机

无人机主要用来进行高空航拍，能够拍摄出宽广大气的画面效果，给人气势恢宏的感觉，如图 3-17 所示。

图 3-17　航拍自然风光

4．运动相机

运动相机设备可以还原每一个运动瞬间，记录更多转瞬即逝的动态美或奇妙表情等丰富的细节，还能保留相机的转向运动功能，带来稳定、清晰、流畅的视频画面效果。图 3-18 所示为某运动相机，该产品拥有 2000 万像素、HyperSmooth 增强防抖功能以及 5K 超高清画质。

图 3-18　运动相机

3.2.2　稳定画面，保证视频清晰

稳定器是用于拍摄视频时稳固拍摄器材，给手机或相机等拍摄器材作支撑的辅助设备，如三脚架、八爪鱼支架和手持云台等。所谓稳固拍摄器材，是指将手机或相机固定或者使其处于一个十分平稳的状态。

拍摄器材是否稳定，在很大程度上决定视频画面的清晰度，如果手机或相机不稳，就会导致拍摄出来的视频画面也跟着摇晃，从而使画面变得十分模糊。如果手机或相机被固定好，那么在视频拍摄过程中就会十分平稳，拍摄出来的视频画面也会非常清晰。下面就为运营者介绍 3 种稳定画面的工具。

1. 三脚架

三脚架主要用来在拍摄视频时更好地稳固手机或相机，为创作清晰的视频作品提供了一个稳定平台。图 3-19 与图 3-20 所示 58

分别为三脚架及其使用示意图。

图 3-19　三脚架示意图

图 3-20　使用三脚架固定相机的示意图

运营者购买时一定要注意，三脚架主要起到一个稳定拍摄器材的作用，所以要选择结实的三脚架，但由于三脚架经常被携带，所以又要考虑到是否具备轻便快捷和随身携带的功能。

2. 八爪鱼支架

前面介绍了三脚架，三脚架的优点一是稳定，二是能伸缩。但三脚架也有缺点，就是摆放时需要相对比较平整的地面，对场地有严格的要求。而八爪鱼刚好能弥补三脚架的缺点，因为它具有灵活性，八爪鱼能“爬杆”、能“上树”，还能“倒挂金钩”，能获得更多更灵活的视频取景角度，如图 3-21 所示。

图 3-21　八爪鱼支架

3. 手持云台

手持云台的主要功能是稳定拍摄设备，防止画面抖动造成的模糊，适合拍摄户外风景或者人物动作类视频，如图 3-22 所示。

图 3-22 使用手持云台稳定器设备拍摄视频

手持云台能根据用户的运动方向或拍摄角度来调整镜头的方向，无论用户在拍摄期间如何运动，手持云台都能保证视频画面拍摄的稳定。

3.2.3 构图技巧，提升画面美感

要想视频获得西瓜视频平台的推荐，快速上热门，内容优质是基本要求，而构图则是拍好视频必须掌握的基础技能。下面笔者总结了一些热门视频构图形式，运营者可以进一步了解学习，以便在拍摄时灵活运用。

1. 中心构图法

方式：将主体对象置于画面中央，作为视觉焦点。

优点：主体非常突出、明确，同时画面效果更加平衡。

2. 对称构图法

方式：画面中的元素按照对称轴形成上下或左右对称关系。

优点：能够产生稳定、安逸以及平衡的视觉感受。

3. 九宫格构图法

方式：用 4 条线将画面切割为九等分，主体放在线条交点上。

优点：这些交点通常就是观众眼睛最关注的地方。

4. 对角线构图法

方式：主体沿画面对角线方向排列，或者位于对角线上。

优点：让画面更加饱满，以及带来强烈的动感或不稳定性。

5. 水平线构图法

方式：以海平面、草原和地平线等水平线条进行取景。

优点：给观众带来辽阔、宽广、稳定以及和谐的视觉感受。

运营者可以用合理的构图方式来突出主体、聚集视线和美化画面，从而突出视频中的人物或景物的吸睛之处，以及掩盖瑕疵，让视频的画面内容更加优质。

视频画面主要由主体、陪体和环境 3 大要素组成，主体对象包括人物、动物和各种物体，是画面的主要表达对象；陪体是用来衬托主体的元素；环境则是主体或陪体所处的场景，通常包括前景、中景和背景等，如图 3-23 所示。

构图：框架式构图

主体：寺庙

陪体：平地

环境：大门石柱（前景）、天空（背景）

构图：倒影构图

主体：渔船

陪体：人物

环境：树叶（前景）、山水（背景）

图 3-23　视频构图解析示例

3.2.4　视频分镜，拍出大片效果

视频分镜就是将视频内容分割成一个个具体的镜头，并针对具体的镜头策划内容，视频分镜主要包括拍摄景别和运镜方式，下面具体介绍这两点。

1. 拍摄景别

景别是指由于镜头与拍摄物体之间距离的不同，造成物体在镜头中呈现出的范围大小的区别。通常来说，景别可具体分为远景、全景、中景、近景和特写，不同景别的镜头呈现效果也不尽相同。因此，在拍摄视频时，运营者需要为分镜头选择合适的景别。下面笔者就以人物拍摄为例进行具体的说明。

远景就是指拍摄人物时，将人物和周围环境都拍摄进去，在镜头中进行全面地呈现，如图 3-24 所示。全景则是指拍摄人物时，把人物进行完整地呈现，它与远景的不同之处就在于注重对人物的展示，而不会将周围的环境都拍摄进去，如图 3-25 所示。

图 3-24 远景

图 3-25 全景

中景就是指将人物的一部分（通常是一半左右）进行展示，例如，要在镜头中展示人物的手部动作和面部表情，会把膝盖或腰部以上的部位拍摄进去，此时呈现在画面中的就是中景，如图 3-26 所示。

近景就是在中景的基础上进一步拉近镜头，让人物的相关部位更好地展示出来。例如，将人物胸部以上呈现在画面中就属于近景，如图 3-27 所示。

图 3-26 中景

图 3-27 近景

特写就是针对某个具体的部分进行细节的展示。图 3-28 所示为人物的头部和手部特写。

图 3-28 特写

2. 运镜方式

运镜方式就是指拍摄视频时，镜头的运动方式。不同的运镜方式拍摄出来的同一对象，效果可能会呈现出较大的差异。因此，运营者在拍摄视频之前，需要了解常用的运镜技巧，并为视频选择合适的运镜方式。下面笔者就来对常见的运镜方式进行解读。

1) 推拉

推拉是指将摄像机（或手机）固定在滑轨和稳定器上，并通过推进或拉远镜头来调整镜头与拍摄物体之间的距离。某运营者拍摄动物时，先是拍摄了小鸟栖息在树枝上的画面，接下来逐渐放大画面，如图 3-29 所示。在此过程中，使用的运镜方式就是推近镜头。

图 3-29 推近镜头

2) 摇

摇是指从左向右摇动摄像机（或手机）来进行拍摄的方法。这种运镜方式常用于拍摄主体范围比较大时逐步对拍摄主体进行呈现，或者当拍摄主体移动时，跟踪拍摄主体，让拍摄主体出现在镜头的画面中。

某运营者在拍摄自然美景时，因为无法将风景全部放进一个画面中，所以就通过从左向右摇动镜头进行拍摄，如图 3-30 所示。

图 3-30 摇动镜头

3) 俯仰

俯仰是指在机身位置不发生变化的情况下，将摄像机（或手机）向上或向下倾斜拍摄。这种运镜方式，可以让被拍摄的主体在镜头中“变大”或“缩小”，从而显示出被拍摄物体的高大或弱小。图 3-31 所示为俯拍和仰拍人物的案例。

图 3-31 俯拍和仰拍

4) 升降

升降是指将摄像机（或手机）固定在摇臂上，让摄像机（或手机）竖直向上进行运动。某运营者在拍摄山水风景时，先是拍摄底部的湖泊和山，然后再将镜头慢慢上升，拍摄更高处的山和天空，这种拍摄方式就是升镜头，如图 3-32 所示。

图 3-32　升镜头

3.2.5　利用光线，提升视频画质

大家平时所说的光，大多分为自然光与人造光，而光线则是十分抽象的名词，是指光在传播时人为想象出来的路线。如果这个世界没有光，那么世界就是一片黑暗，所以光线对于视频拍摄来说至关重要，也影响着视频的清晰度。

光线比较黯淡时，拍摄的视频就会模糊不清，即使手机像素很高，也可能存在这种问题；反之，光线较亮时，拍摄的视频画面比较清晰。下面笔者逐一讲解顺光、侧光、顶光和逆光这 4 种常见的拍摄用光。

1. 顺光

顺光就是指照射在被摄物体正面的光线，其主要特点是受光非常均匀，画面比较通透，不会产生明显的阴影，且色彩鲜艳。采用顺光拍摄的视频作品能够让主体更好地呈现出自身的细节和色彩，从而进行细腻的描述，如图 3-33 所示。

图 3-33　顺光拍摄的视频画面

2. 侧光

侧光是指光源的照射方向与视频的拍摄方向呈直角状态，即光源是从视频拍摄主体的左侧或右侧直射过来的光线，因此被摄物体受光源照射的一面非常明亮，而另一面则比较阴暗，画面的明暗层次感非常分明，能使主体更加立体，如图 3-34 所示。

图 3-34 侧光拍摄展现立体感

3. 顶光

顶光，顾名思义，可以认为是炎炎夏日时正午的光线，即从头顶直接照射到视频拍摄主体身上的光线。顶光由于是垂直照射于视频拍摄主体，阴影置于视频拍摄主体下方，占用面积很少，几乎不会影响视频拍摄主体的色彩和形状展现。顶光光线很亮，能够展现出视频拍摄主体的细节，使视频拍摄主体更加明亮，如图 3-35 所示。

图 3-35 顶光拍摄视频使主体更加明亮

想用顶光构图拍摄手机视频，如果是利用自然光的话，就需要在正午，太阳刚好处于正上方时，就可以拍摄出顶光视频。如果是人造光，将视频拍摄主体移动到光源正下方，或者将光源移动到主体最上方，也可以拍摄出顶光视频。

4. 逆光

逆光是一种具有艺术魅力和较强表现力的光照。逆光是视频拍摄主体刚好处于光源和手机之间的情况，这种情况容易使被摄主体出现曝光不足的情况，但是逆光可以出现剪影的特殊效果，也是一种极佳的艺术摄影技法。

在采用逆光拍摄手机视频时，只需要使手机镜头对着光源就可以了，这样拍摄出来的手机视频中的画面会有剪影，如图 3-36 所示。

图 3-36　逆光拍摄实现剪影效果

第 4 章

视频后期：成为创作大神只差关键一步

视频剪辑是每个运营者都需要掌握的必备技能，也是影响视频内容的重要因素，运营者想要让自己的视频内容更受到关注，就必须做好视频后期。本章笔者将以西瓜视频 APP 自带的剪辑工具为例，帮助大家掌握剪辑视频的基本方法。

4.1 视频剪辑，4 种基本处理方法

运营者通过西瓜视频 App 上传视频，可以直接使用平台自带的视频剪辑工具对视频进行后期处理。视频剪辑工具包括剪辑、美化、音乐、字幕和特效 5 大模块，平台还提供了丰富的官方素材为视频美化助力，运营者可以充分利用这些功能和资源制作精美的视频。下面以一则服装推广视频为例，为大家介绍视频剪辑的一些基本处理方法。

4.1.1 视频变速，适当调整时长

当某段视频时间过长，影响到整体的观感和进度时，运营者可以使用变速功能适当地调整视频的时长。首先在西瓜视频 App 中导入拍好的素材，然后对其进行变速处理，控制好视频的总时间长度，具体操作方法如下。

步骤 01 打开西瓜视频 App，点击“发视频”按钮，如图 4-1 所示。

步骤 02 进入相应界面，点击“视频剪辑”按钮，如图 4-2 所示。

图 4-1 点击“发视频”按钮

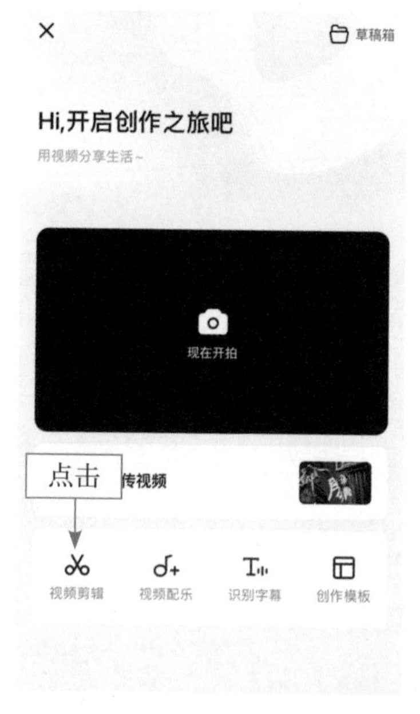

图 4-2 点击“视频剪辑”按钮

步骤 03 进入“最近项目”界面，选择需要剪辑的视频素材；点击“导入”按钮，如图 4-3 所示。

步骤 04 进入“剪辑”界面，点击第一个视频素材；点击“变速”按钮，如图 4-4 所示。

图 4-3　导入视频素材

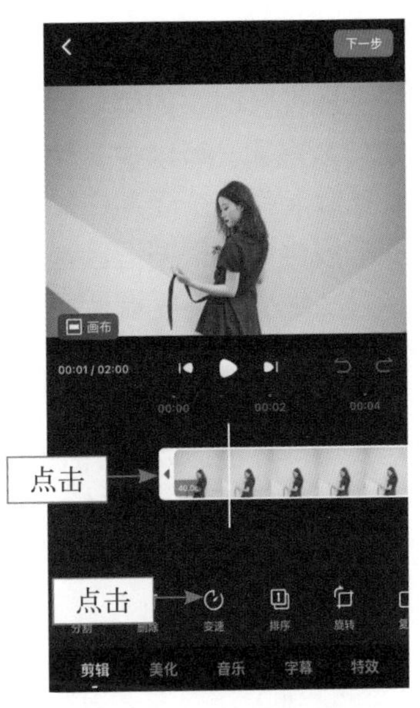

图 4-4　点击相应按钮

步骤 05 进入“常规变速”界面，拖曳白色倒三角滑块，调整视频变速为3.0x，如图 4-5 所示。

步骤 06 拖曳时间轴至第二个视频素材处；调整变速为 2.5x，用同样的操作方法调整剩下视频素材的播放速度；点击“完成”按钮☑，如图 4-6 所示。

图 4-5　调整变速

图 4-6　点击相应按钮

4.1.2 添加片头，利用官方素材

用户在刷视频时，如果看到平平无奇的片头就很容易走神，从而对视频的后续内容没什么兴趣。可以说，片头的精彩程度直接决定着用户是否会继续观看视频内容，所以制作一个受用户关注的片头是非常有必要的。

片头的风格可以根据运营者产品的内容来定，比如运营者想要推广生活用品，那么视频片头就要走休闲温馨风；如果运营者想要推广美食产品，那么视频片头则要充满生活气息，接地气一些。大家毕竟不是专业剪辑视频的高手，片头可以做得不那么完美，但是一定要符合视频的风格，要有辨识度和特色，还要讲究一定的技巧，这样才能达到吸引用户关注的目的。

下面主要利用西瓜视频 App 提供的官方素材，给服装的推广视频添加一个合适的片头效果，具体操作步骤如下。

步骤 01 进入“剪辑”界面，拖曳时间轴至第一个视频素材处；点击视频素材前的“添加”按钮[+]；点击“官方素材”按钮，如图 4-7 所示。

步骤 02 进入“官方素材”界面，点击搜索栏，如图 4-8 所示。

图 4-7 点击相应按钮

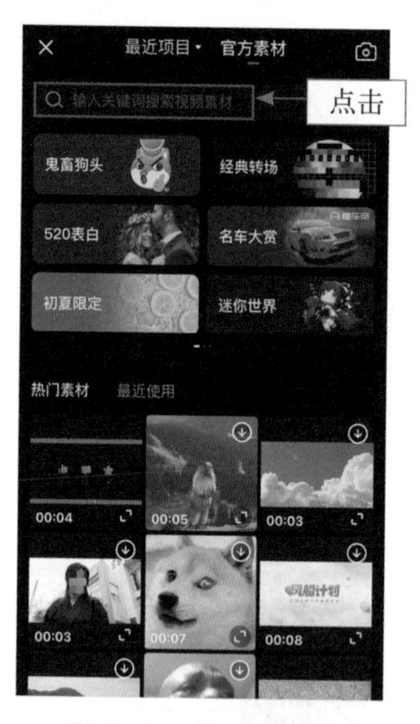

图 4-8 点击搜索栏

步骤 03 输入需要添加的素材关键词“片头”；点击“搜索”按钮，如图 4-9 所示。

步骤 04 进入相应界面，选择合适的片头视频素材；点击“导入”按钮，如图 4-10 所示。

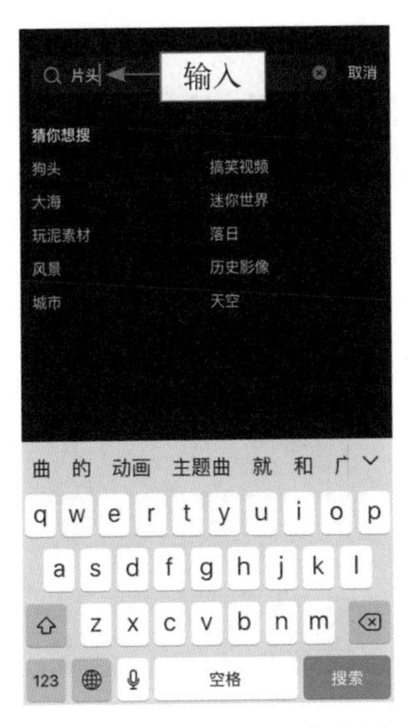

图4-9　搜索关键词“片头”

图4-10　导入片头素材

片头的风格决定了视频的基调和所要表达的主题，具有很强的代入感，好的片头在整个视频中起到了画龙点睛的作用。具有精彩的视觉效果和感染力的片头，可以在短时间里，快速吸引用户的关注，所以添加片头素材是非常有必要的。

如果说精彩的片头可以吸引观众的注意力，引起他们的关注，从而产生继续观看的念头，那么片尾也一样重要。出彩的片尾不仅可以起到烘云托月、升华主题的作用，还能引导观众继续关注运营者的账号，观看更多视频、了解更多信息，这也是一个吸粉和增加曝光量的好途径。运营者可以使用同样的方法为视频添加一个求关注的片尾素材，这里不再赘述。

4.1.3　添加转场，展现最佳效果

如果运营者的视频是由多段素材构成的，其中切换了不同的场景，突然转换不同的画面很容易造成突兀感，使视频没有连接性和逻辑性。为了缓和切换效果、自然过渡上下两段视频的内容、加强视觉的连续性以及向用户展示最佳的画面效果，运营者可以在两段视频连接处添加转场效果，具体操作方法如下。

步骤 01 进入“剪辑”界面，拖曳时间轴至第二个视频素材处；点击“添加”按钮[+]；点击“转场效果”按钮，如图4-11所示。

步骤 02 进入“转场”界面，点击第一个和第二个视频素材之间的“转场效果”按钮[·]；选择“顺时针旋转”转场效果，如图4-12所示。

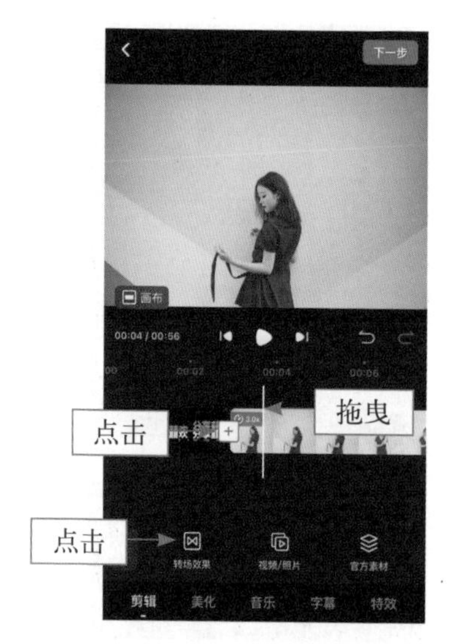

图 4-11　点击相应按钮

图 4-12　添加转场效果

步骤 03 点击第二个和第三个视频素材之间的“转场”按钮；选择“上移”转场效果，如图 4-13 所示。

步骤 04 点击第三个和第四个视频素材之间的“转场”按钮；选择“下移”转场效果，用同样的操作方法为其他视频素材设置转场效果；点击“完成”按钮，如图 4-14 所示。

图 4-13　选择“上移”转场效果

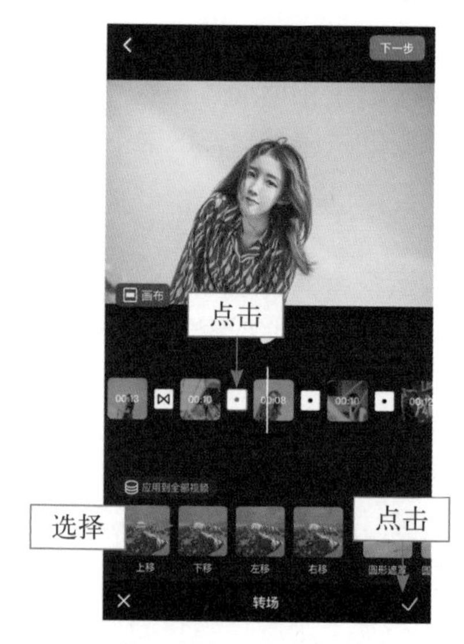

图 4-14　点击相应按钮

4.1.4 画布背景，调整画面比例

西瓜视频作为中视频平台，其平台上的视频主要是以横屏方式展现的，建议运营者发布 16:9、18:9 和 21:9 画幅比例的横屏视频，可以获得平台更多的推荐机会。如果运营者的视频画幅比例小于这个尺寸，那么可以使用画布功能填充合适的背景，以此调整视频比例和美化视频画面。

需要注意的是，运营者在选择画布背景时，要结合视频画面内容，注重整体的协调性，设置画布背景的具体操作方法如下。

步骤 01 进入“剪辑”界面，拖曳时间轴至第二个视频素材处；点击“画布”按钮，如图 4-15 所示。

步骤 02 进入“画布比例”界面，选择“18:9”画布比例，如图 4-16 所示。

步骤 03 点击“画布背景”按钮；在“背景色”选项卡中选择合适的颜色；点击“完成”按钮✓，如图 4-17 所示。

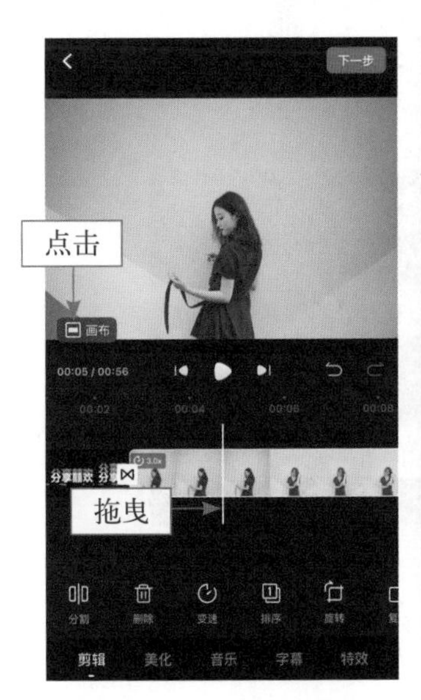

图 4-15 点击相应按钮

图 4-16 选择“18:9”画布比例

图 4-17 选择合适的背景色

运营者可以拖曳时间轴至其他视频素材位置，用此操作方法设置其他视频的画布背景，这里不再赘述。

4.2 视频美化，两个功能效果出色

运营者如果对视频画面展示和人像效果不太满意，可以通过视频剪辑的美化功能进行改善。西瓜视频 App 视频剪辑工具中的美化功能主要包括添加滤镜和

人像美颜，下面就为大家介绍具体的操作方法。

4.2.1 滤镜调色，美化视觉效果

使用不同的滤镜效果可以对画面的色调、氛围和饱和度等参数进行调节，不仅可以展现给用户更美观的视觉效果，还能赋予视频不同的风格。为视频添加滤镜的具体操作方法如下。

步骤 01 进入“美化”界面，点击“滤镜”按钮，如图 4-18 所示。

步骤 02 进入“滤镜”界面，在“人像”选项卡中选择“奶杏”选项；拖曳滑块调整滤镜效果，设置参数为 47；点击“应用到全部视频”按钮；点击“完成”按钮✓，如图 4-19 所示。

图 4-18 点击“滤镜”按钮

图 4-19 点击相应按钮

专家提醒

如果视频中的画面场景风格迥异，整体使用同一种滤镜就不太合适。运营者为不同的视频素材分别添加合适的滤镜效果，但要注意视频整体的和谐度和美观度。

4.2.2 人像美颜，提升人像观感

运营者在推荐产品时有真人出镜的画面，可以设置美颜效果美化人像，拍摄之前若是没有开启美颜效果也没有关系，在视频剪辑后期同样可以使用美颜功能

为人像进行美化，具体的操作方法如下。

步骤 01 进入“美化”界面，点击“美颜”按钮，如图 4-20 所示。

步骤 02 进入“美颜”界面，点击“一键美颜”按钮；点击“应用到全部视频”按钮；点击“完成”按钮✓，如图 4-21 所示。

图 4-20　点击“美颜”按钮

图 4-21　点击相应按钮

专家提醒

运营者可以根据视频中人像的具体情况，手动调整磨皮、瘦脸、大眼和美白等各项美颜效果的具体参数。

4.3　视频音乐，两种方法烘托气氛

合适的视频背景音乐能够助力运营者传递情绪、烘托气氛以及增强视频内容的感染力。如果运营者想要制作出一条比较完美的推广视频，对视频原声进行处理和为视频添加背景音乐是比较好的选择。

4.3.1　视频原声，降噪除去杂音

很多运营者在视频拍摄结束后，查看视频会发现音源比较嘈杂，这样粗制滥造的视频是没有办法吸引用户的。但如果给视频开启降噪功能，除去了扰人的杂

音，便能将视频的质量提升一个档次。处理视频原声的具体操作方法如下。

步骤 01 进入“音乐”界面，点击“视频原声”按钮，如图 4-22 所示。

步骤 02 点击“降噪”按钮，如图 4-23 所示。

步骤 03 进入“降噪”界面，点击“降噪”开关按钮，开启降噪功能；点击“应用到全部视频”按钮；点击“完成”按钮✓，如图 4-24 所示。

图 4-22 点击“视频原声”按钮

图 4-23 点击“降噪”按钮

图 4-24 点击相应按钮

4.3.2 背景音乐，带动用户情绪

背景音乐在视频传播过程中有着举足轻重的作用，选择的音乐素材不同，给人带来的感受也不尽相同。选择具有特色的背景音乐，可以给人留下深刻印象，比如大家比较熟悉的拼多多广告，由一首节奏明快的歌曲改编而来，被很多消费者记在了，为其推广效果增光添彩。

西瓜视频 App 的剪辑功能为运营者们提供了海量的音乐素材，运营者可以根据视频内容选择合适的背景音乐，具体操作方法如下。

步骤 01 进入“音乐”界面，点击“关闭原声”按钮；点击“添加音乐”按钮，如图 4-25 所示。

步骤 02 进入“添加音乐”界面，选择名为“贝加尔湖畔－吉他版”的音乐素材；点击“使用此音乐”按钮，如图 4-26 所示。

步骤 03 进入“音乐”界面，点击“贝加尔湖畔－吉他版”音乐素材；点击“淡入淡出”按钮，如图 4-27 所示。

步骤04 进入“淡入淡出”界面，向右拖曳滑块，调整淡入淡出的时间参数至10.0s；点击“完成”按钮✓，如图4-28所示。

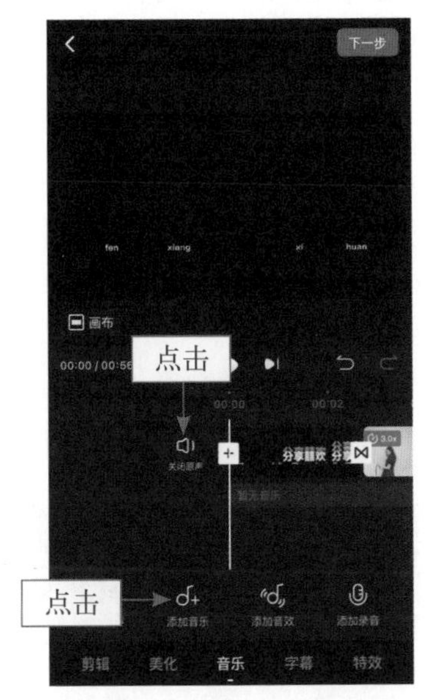

图4-25 点击相应按钮

图4-26 选择背景音乐

图4-27 点击相应按钮

图4-28 点击相应按钮

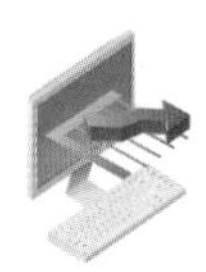

4.4 视频字幕，4 个方式辅助解说

字幕可以让用户观看视频更加方便，不管是在嘈杂的车站，还是在安静的医院和图书馆，用户仅通过字幕就能欣赏视频内容。下面就为大家介绍几种添加视频字幕的方法。

4.4.1 识别字幕，系统自动生成

西瓜视频 App 自带的视频剪辑工具支持运营者将视频原声、后期录音和背景音乐等自动识别生成字幕，运营者可以轻松不费力地制作字幕，具体操作方法如下。

步骤 01 进入“字幕”界面，点击“识别字幕”按钮，如图 4-29 所示。

步骤 02 点击“开启自动识别”按钮，如图 4-30 所示。

图 4-29 点击相应按钮

图 4-30 点击“开启自动识别”按钮

4.4.2 添加字幕，加深用户印象

除了开启自动识别字幕外，运营者还可以自由地添加字幕，对视频中的产品进行讲解，给用户加深印象，具体操作方法如下。

步骤 01 进入“字幕”界面，拖曳时间轴至需要添加文字的视频素材处；点击“添加字幕”按钮，如图 4-31 所示。

步骤02 进入“添加字幕”界面，输入相应文字，如图 4-32 所示。

图 4-31 点击相应按钮

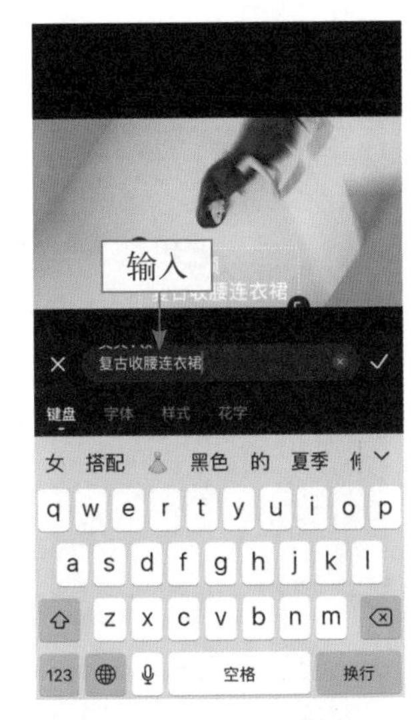

图 4-32 输入相应文字

步骤03 点击“字体”按钮；点击“书法”按钮；选择“可口可乐体”字体，如图 4-33 所示。

步骤04 点击“样式”按钮；点击“文本”按钮；选择合适的文本颜色，如图 4-34 所示。

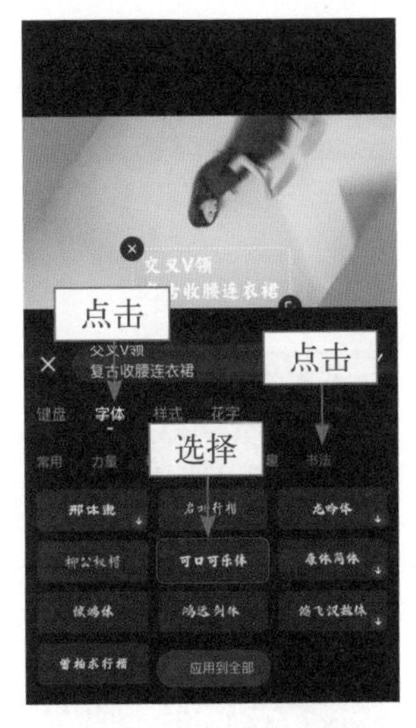

图 4-33 选择字体

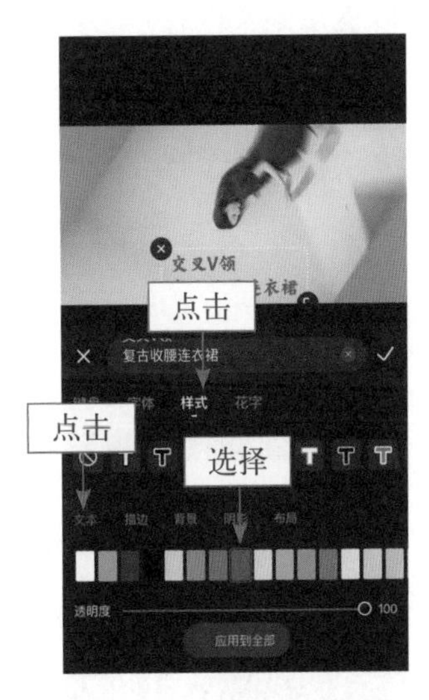

图 4-34 选择文本颜色

步骤 05 点击“背景”按钮；选择合适的文本背景颜色，如图 4-35 所示。

步骤 06 点击“布局”按钮；选择合适的对齐方式；点击“完成”按钮✓，如图 4-36 所示。

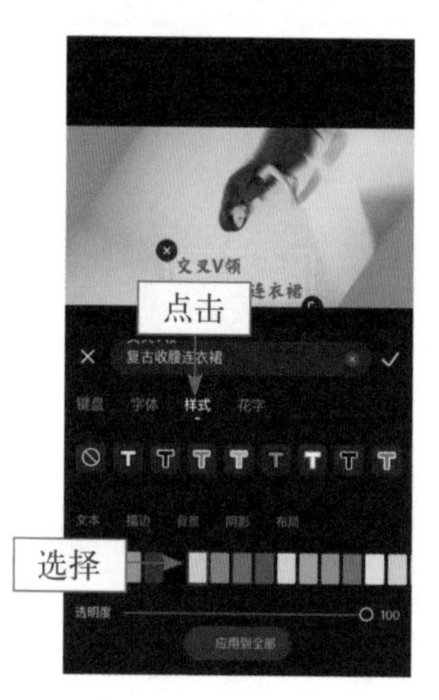

图 4-35 选择文本背景颜色

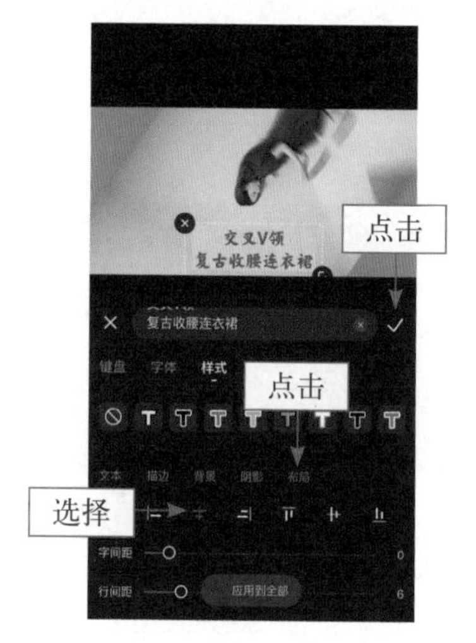

图 4-36 选择文本对齐方式

步骤 07 进入“字幕”界面，点击添加的字幕；调整字幕文本框的大小和位置，如图 4-37 所示。

步骤 08 拖曳字幕右侧的白色拉杆，适当地调整其持续时间，如图 4-38 所示。运营者可以使用同样的操作方法为剩余的视频添加字幕。

图 4-37 调整字幕文本框位置

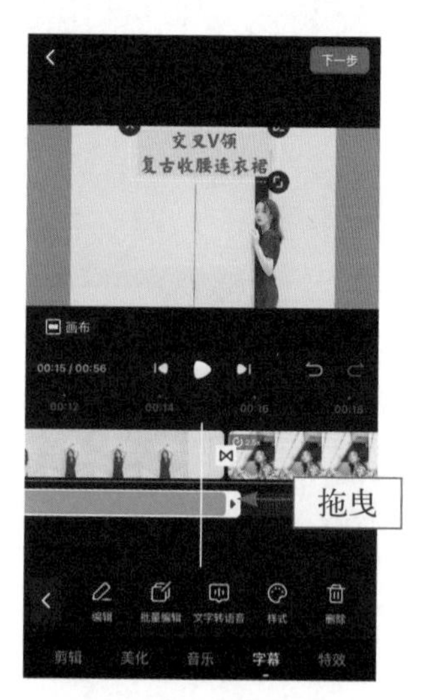

图 4-38 调整字幕持续时间

4.4.3 语音字幕，文字转换语音

大家平时在看视频时，经常会听到一些有趣的声音念出画面中的文字，这便是使用了文字转语音功能。运营者可以使用此功能，将视频中产品的名称、特性或片尾求关注的文字，转变为有趣的语音播放，这样不仅可以增加视频内容的丰富性，还能在一定程度上吸引用户的关注。

下面以设置片尾求关注的文字转换语音效果为例，为大家介绍文字转语音的具体操作方法。

步骤 01 进入“字幕”界面，将时间轴拖曳至片尾素材处；点击“文字转语音”按钮，如图 4-39 所示。

步骤 02 进入“文字转语音”界面，输入相应文字；选择“动漫海绵”音色；点击“完成”按钮，如图 4-40 所示。

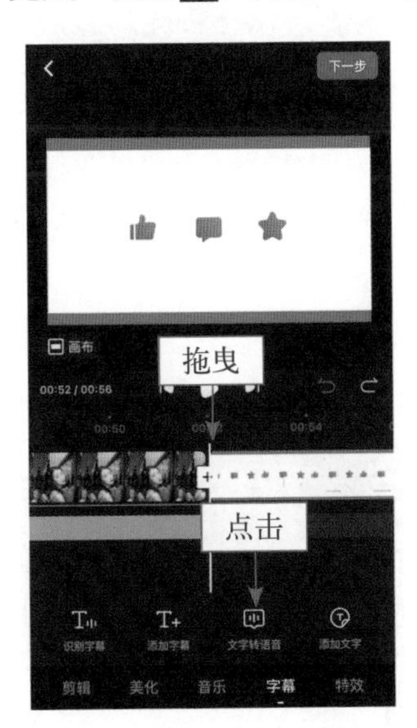

图 4-39 点击“文字转语音”按钮

图 4-40 点击相应按钮

步骤 03 进入“字幕”界面，点击添加的“文字转语音”素材；拖曳素材右侧的白色拉杆，适当地调整其持续时间；调整画面中素材的大小和位置；点击“样式”按钮，如图 4-41 所示。

步骤 04 在“样式”选项卡中，点击“文本”按钮；选择合适的文本颜色，如图 4-42 所示。运营者还可以根据需要设置字体的其他样式，如描边、背景、阴影以及透明度等。

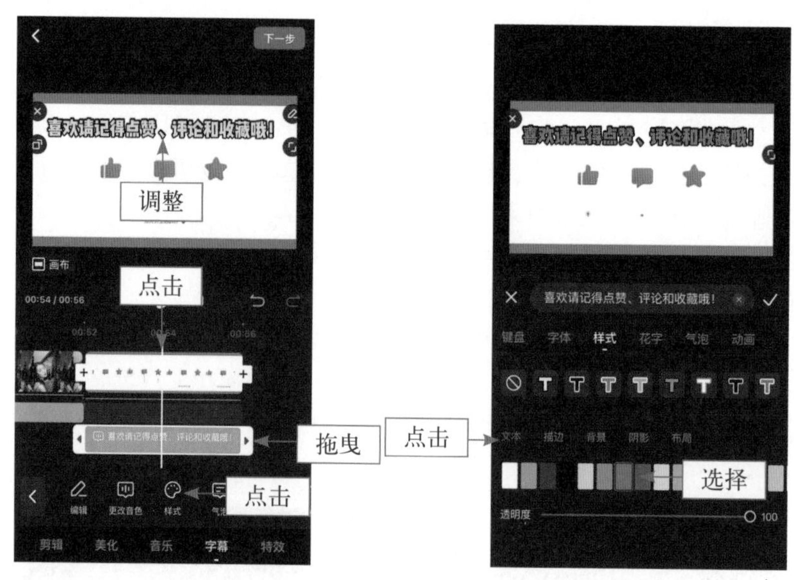

图 4-41　点击相应按钮　　　　图 4-42　设置样式

步骤 05 点击“字体”按钮；点击“有趣”按钮，选择“少儿简体”字体效果，如图 4-43 所示。

步骤 06 点击“动画”按钮；点击“循环动画”按钮；选择“晃动”动画效果；点击“完成”按钮☑，如图 4-44 所示。

图 4-43　选择字体效果

图 4-44　选择动画效果

专家提醒

需要注意的是，运营者在设置所有素材的动画效果时，只有出场动画和入场动画能搭配在一起进行设置和展示，循环动画只能单独进行设置和展示。因此，需要一直展示在画面上的素材选择循环动画效果比较合适。

4.4.4 气泡文字，醒目吸引关注

气泡文字具有醒目的展示效果，西瓜视频 App 也提供了种类丰富的气泡文字效果，运营者可以选择喜欢的气泡文字模板，自由地添加文字，为产品展示营造更加热闹的氛围，具体操作如下。

步骤01 进入“字幕”界面，将时间轴拖曳至需要添加气泡文字的视频素材处；点击“添加文字”按钮，如图 4-45 所示。

步骤02 进入“气泡”界面，选择合适的气泡效果；输入相关文字；点击“完成”按钮✓，如图 4-46 所示。

图 4-45 点击“添加文字”按钮

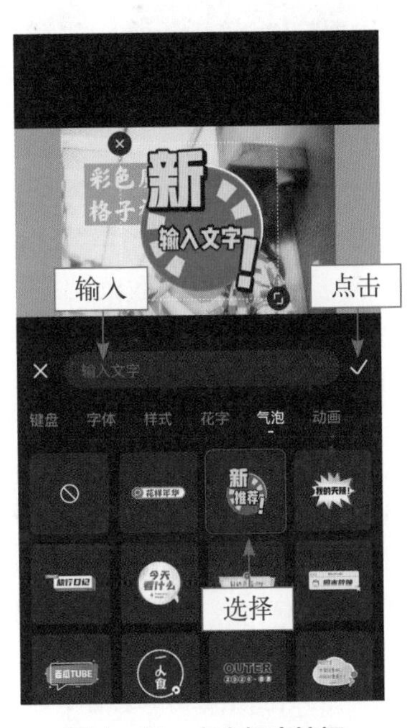

图 4-46 点击相应按钮

步骤03 点击添加的气泡效果，拖曳气泡特效右侧的白色拉杆，适当地调整其持续时间；调整气泡特效的大小和位置，如图 4-47 所示。

步骤04 点击“动画”按钮，如图 4-48 所示。

步骤05 进入“动画”界面，点击“循环动画”按钮；选择“雨刷”动画效果；拖曳滑块调整动画展示速度，设置参数为 1.0s，如图 4-49 所示。

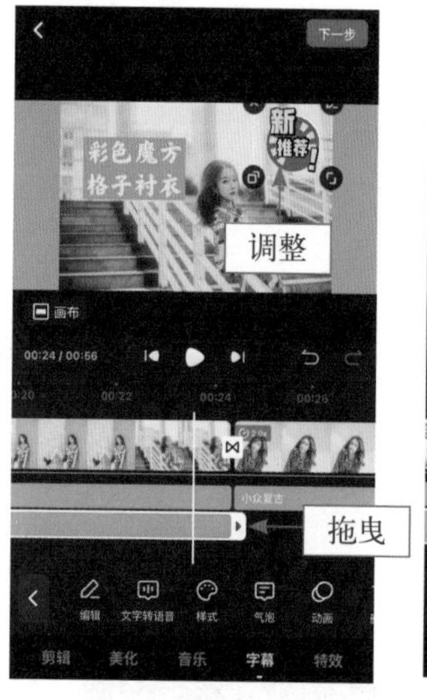

图 4-47 调整气泡效果

图 4-48 点击“动画”按钮

图 4-49 点击相应按钮

4.5 视频特效，两个功能突出产品

运营者要想将用户的注意力更好地聚焦在视频中的产品上，可以为视频添加特效，突出产品的展示效果和提升画面的美观度。西瓜视频 App 自带的剪辑工具提供了贴纸特效和视频特效两种特效方式，贴纸特效可以醒目地突出产品，视频特效则可以提高画面的高级感，运营者可以选择利用，以呈现最精彩的画面效果。

4.5.1 贴纸特效，增加画面趣味

西瓜视频 App 提供的贴纸特效种类丰富，运营者在视频中添加贴纸特效，不仅可以突出产品，吸引用户的目光，还能增加画面的趣味性，使视频内容更加丰富。当视频画面中出现了隐私信息时，运营者也可以选择添加贴纸特效进行遮挡，而不是使用单调的马赛克，添加贴纸特效的具体方法如下。

步骤01 进入“特效”界面，将时间轴拖曳至需要添加贴纸特效的视频素材处；点击“添加贴纸”按钮，如图 4-50 所示。

步骤02 进入“贴纸”界面，选择合适的贴纸特效；点击“完成”按钮✓，如图 4-51 所示。

图 4-50 点击相应按钮

图 4-51 选择贴纸特效

步骤 03 进入“特效”界面，点击添加的贴纸特效；拖曳贴纸特效右侧的白色拉杆，适当地调整其持续时间；调整贴纸的大小和位置，如图 4-52 所示。

步骤 04 点击“动画”按钮，如图 4-53 所示。

图 4-52 点击相应按钮

图 4-53 点击“动画”按钮

步骤 05 进入“动画”界面，在“入场动画”选项卡中选择“渐显”动画效果；拖曳滑块调整动画入场时间，设置参数为 0.5s，如图 4-54 所示。

步骤06 选择“出场动画”选项；选择“渐隐”动画效果；拖曳滑块调整动画出场时间，设置参数为0.5s；点击“完成”按钮✓，如图4-55所示。

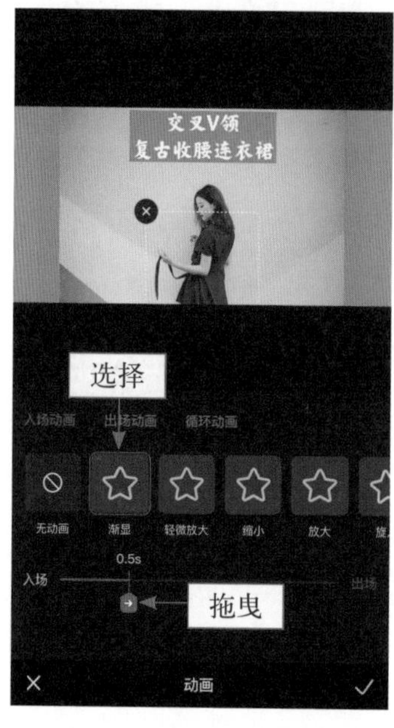

图4-54 调整动画开场时间

图4-55 点击相应按钮

专家提醒

一个视频片段可以添加多个贴纸特效，但运营者应该注意画面的整体美观度，切忌为了新鲜感添加数量过多的贴纸特效，造成画面过于复杂而没有重点。贴纸特效是为了增加画面的美观度，使用过度反而会引起用户的反感。

4.5.2 视频特效，加强视觉效果

运营者在进行视频后期剪辑时，主要目的就是打造更美观的画面视觉效果，那么添加视频特效就是比较关键的一步。添加视频特效可以让画面变得更有高级感，具体操作如下。

步骤01 将时间轴拖曳至需要添加特效的视频素材处；点击“特效”按钮；点击“添加特效”按钮，如图4-56所示。

步骤02 进入“特效”界面，在“热门”选项卡中选择“波纹色差”特效；点击“完成”按钮✓，如图4-57所示。

步骤 03 点击添加的特效素材；拖曳特效素材右侧的白色拉杆，适当地调整其持续时间，如图 4-58 所示。

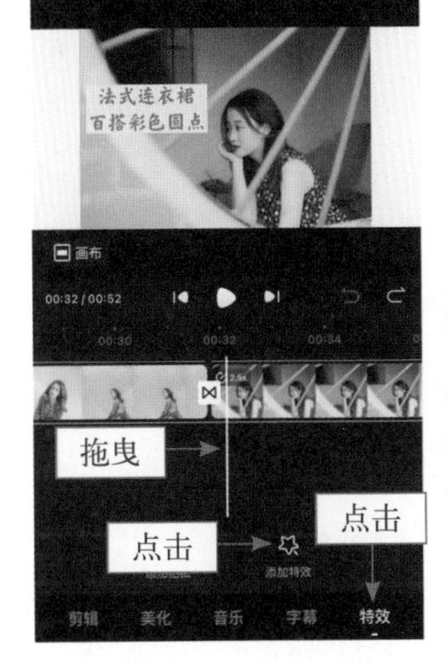

图 4-56 点击相应按钮

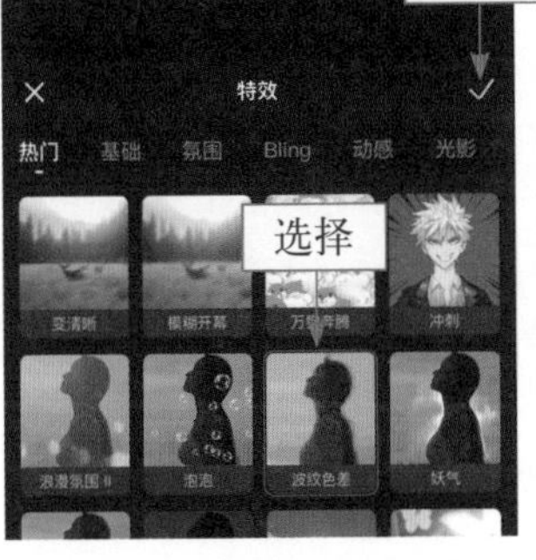

图 4-57 选择“波纹色差”特效

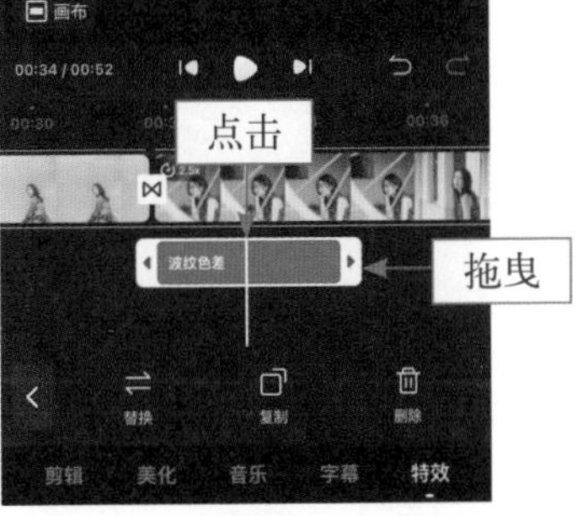

图 5-58 调整特效持续时间

运营者可以将时间轴拖曳至其他视频素材处，用此操作方法为其他视频添加视频特效，这里不再赘述。所有的剪辑操作完成后，运营者点击“下一步”按钮，即可设置视频相关信息并发布视频。

第 5 章

视频发布：掌握这些技巧让播放量翻倍

运营者要想提高视频的播放量，首先要掌握发布视频的方法与技巧，并对账号数据进行分析总结，优化视频内容。本章将分享一些发布视频需要掌握的基本操作方法、数据分析的经验和提高账号权重的技巧，以便让大家更加清晰地了解自己账号的运营状况，为后续工作做好准备。

5.1 发布视频，7 个必备基本操作

运营者想要在西瓜视频平台获得一席之地，就必须掌握发布视频的基本操作，并利用平台提供的功能创造更优质的视频内容。下面介绍一些平台发布视频的操作方法，帮助大家更好地运营账号。

5.1.1 上传视频，了解发布渠道

运营者上传、发布视频的渠道主要有 4 种，分别是通过西瓜创作平台、西瓜视频 App、头条号后台以及今日头条 App 进行上传发布操作。图 5-1 所示为 4 种上传、发布视频渠道的相关事项。

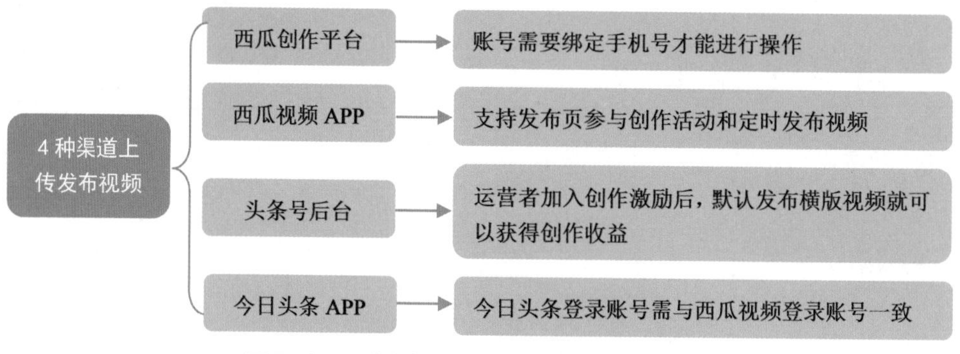

图 5-1　4 种上传、发布视频渠道的相关事项

5.1.2 视频格式，符合平台规范

运营者想要视频更好地获得平台的推荐，发布的视频格式就要符合平台的规范，下面为运营者们介绍西瓜视频平台的视频格式要求。

1. 视频时长

运营者在电脑端使用西瓜创作平台上传视频，视频时长不受限制；而使用西瓜视频 App 上传视频时，拍摄的视频时长最长为 10 分钟；从手机直接导入的视频时长不能短于 3 秒；使用剪辑工具剪辑的视频时长限制在 15 分钟以内。

2. 视频大小

建议运营者上传视频的分辨率不小于 1920 × 1080，通过西瓜创作平台和头条号后台上传的视频，视频大小限制在 32G 以内；通过西瓜视频 App 上传的视频，视频大小不能超过 4G。

3. 视频分辨率

只要运营者上传的原始视频达到了 2K 和 4K 的分辨率参数，无论是在西瓜

视频 App 还是西瓜视频电脑端，用户都可以选择 2K 或 4K 的清晰度播放视频。建议运营者尽可能上传分辨率高的视频，平台也会优先推荐清晰度高的优质内容。

综上所述，运营者使用西瓜视频 App 上传会受到视频时长和视频大小的限制，建议有条件的运营者使用西瓜创作平台上传视频。

5.1.3 定时发布，设定最佳时间

定时发布，顾名思义，就是运营者将视频的发布时间设定在固定的时间点，时间一到，系统就会自动发布运营者提前上传并设置好的视频内容。视频定时发布是非常实用的功能，好处主要有以下几点。

1. 精准投放

运营者可以结合用户数据，了解目标用户的在线活跃时间，将视频发布时间设定在用户活跃度较高的时间点，这样更容易提高视频的曝光率和播放量。定时发布能够帮助运营者更好地进行内容管理，但建议运营者合理安排视频发布的频率，注重内容的原创度和优质度。下面对西瓜视频的发布时间进行详细说明，如图 5-2 所示。

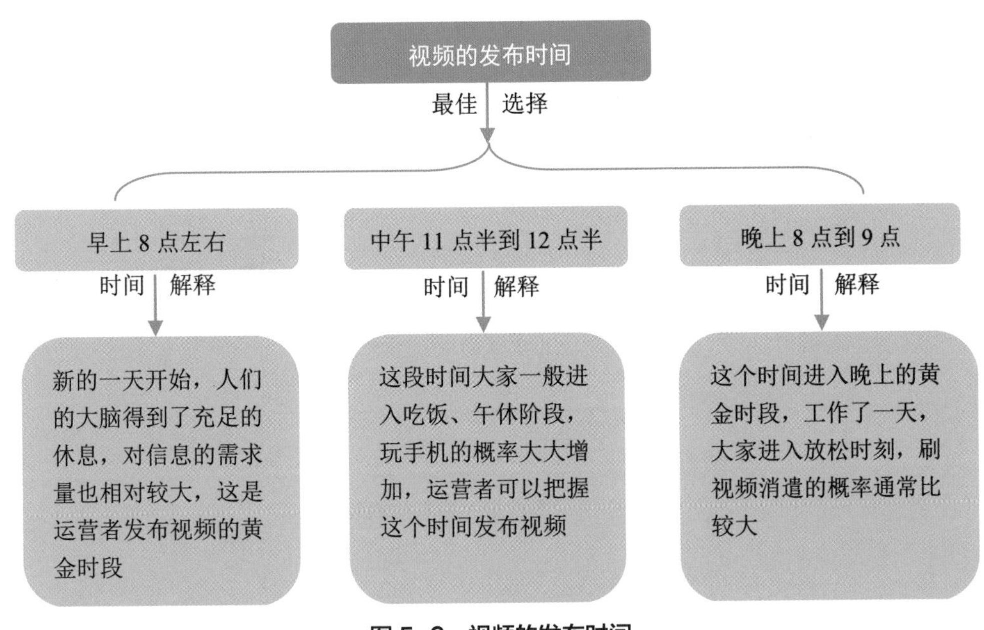

图 5-2 视频的发布时间

2. 保持活跃

平台判断运营者的视频是否为优质内容的标准之一，就是运营者是否持续输出内容和按规律更新视频。只有保持账号的活跃度，才能更好地获得平台的支持

和推荐。当运营者被其他事务缠身或想要休息一段时间时，设置定时发布视频就是一个很好的选择，但运营者需要提前制作和上传视频。

下面就以西瓜创作平台为例，为运营者介绍设置定时发布的具体操作方法。

步骤 01 进入西瓜创作平台，单击“发布视频”按钮；单击或将文件拖入固定区域，如图 5-3 所示。

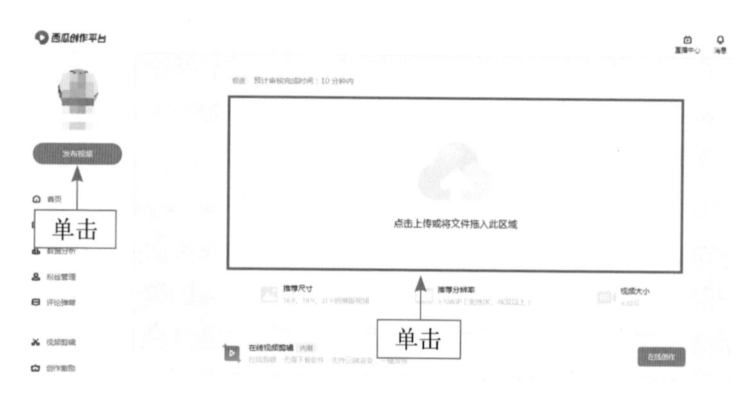

图 5-3　单击相应按钮

步骤 02 进入相应界面，在“发布设置”选项下设置定时发布的具体时间，如图 5-4 所示。

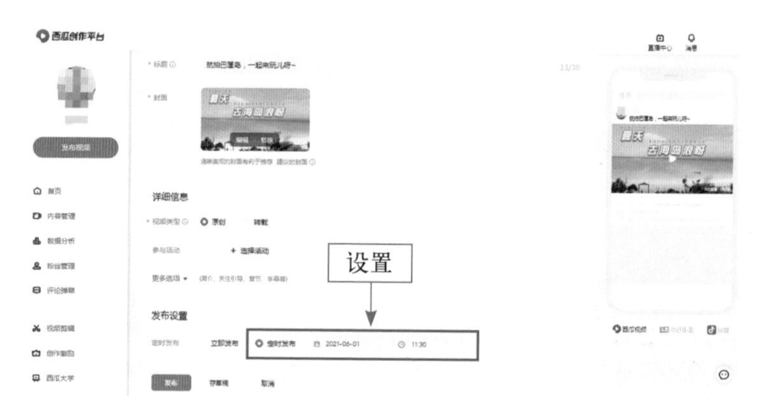

图 5-4　设置定时发布的时间

专家提醒

定时发布可设置的时间范围为 2 小时～ 7 天，未到设定时间运营者也可以选择立即发布视频，但无法更改已经设定好的发布时间，因此运营者要慎重选择和设定发布时间。

5.1.4 修改视频，呈现完美内容

如果运营者对已发布的视频信息不太满意，可以进行修改吗？答案是肯定的，西瓜视频创作平台、西瓜视频 App 以及头条号后台都支持运营者修改已发布的视频信息，如标题、封面、简介等内容。下面就以西瓜视频 App 为例，为运营者介绍修改视频信息的具体方法。

步骤 01 打开西瓜视频 App，进入“我的”界面，点击“内容管理”按钮，如图 5-5 所示。

步骤 02 进入“内容管理”界面，点击“选项”按钮 ···，如图 5-6 所示。

图 5-5 点击“内容管理”按钮

图 5-6 点击“选项”按钮

步骤 03 在弹出的选项面板中，选择“修改”选项，如图 5-7 所示。

步骤 04 进入“修改视频”界面，修改相应的视频信息；点击“保存修改”按钮，如图 5-8 所示。

需要注意的是，运营者在发布视频时未设置为原创，在修改过程中无法重新设置；一个视频作品支持修改的次数不超过 30 次，修改过的视频经平台工作人员审核通过后，不影响正常推荐。

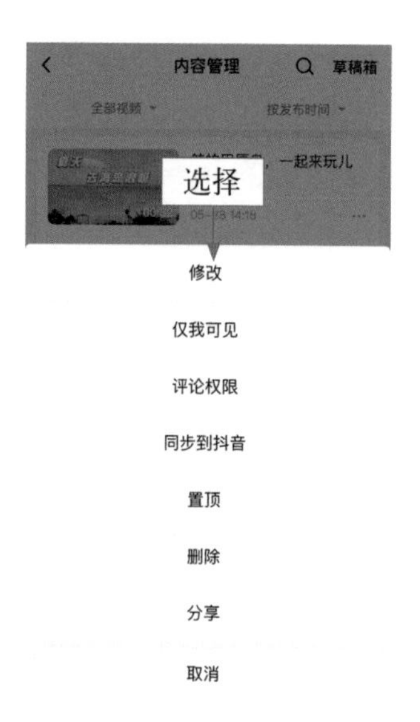

图 5-7　选择“修改”选项

图 5-8　修改视频信息

5.1.5　视频章节，概况分段内容

视频章节简单来说就是运营者将视频进行分段，为每段视频分别设置一个标题。图 5-9 所示为视频章节展示效果。

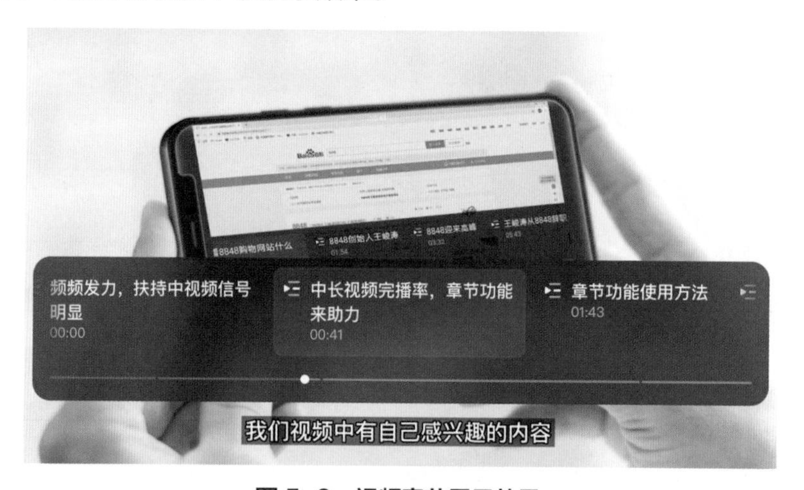

图 5-9　视频章节展示效果

对于运营者来说，视频章节类似于在视频中嵌入的一个“目录”，可以明确地告知用户每一段分别介绍什么内容；对于用户来说，在观看视频时可以通过章节标题对每段视频的具体内容有一个大致的认识和了解，并且可以根据自己的兴

趣选择相应的章节进行观看。建议运营者在时间较长的视频中添加视频章节，下面就为大家介绍添加视频章节的具体操作方法。

步骤 01 进入西瓜创作平台“发布视频”界面，单击“更多选项”按钮，如图 5-10 所示。

图 5-10　单击“更多选项”按钮

步骤 02 在“更多选项”面板中，单击“添加章节”按钮，如图 5-11 所示。

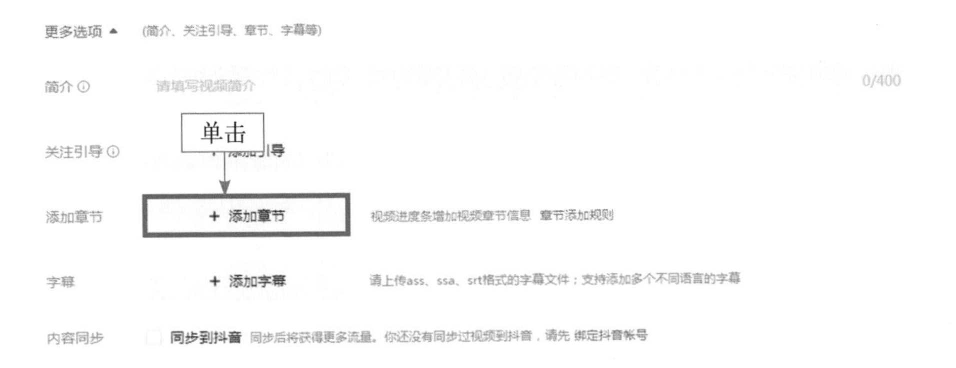

图 5-11　单击“添加章节”按钮

步骤 03 进入“设置视频章节”界面，设置章节名称和时间；单击“确定”按钮，如图 5-12 所示。如需继续添加章节，单击“添加章节”按钮即可。

需要注意的是，目前仅支持在西瓜创作平台添加视频章节，且视频时长要超过 1 分钟。平台会对添加的视频章节进行审核，如果未通过审核，发布的视频将不会带有章节标签，但不会影响视频的正常发布和推荐。

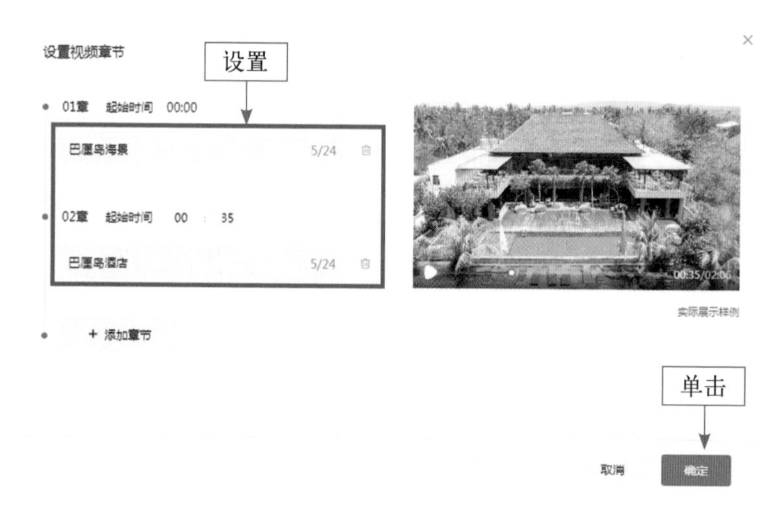

图 5-12　设置章节名称和时间

5.1.6　外挂字幕，提高创作效率

外挂字幕，这里所说的“外挂”并不是指游戏中的增强功能效果的修改器“外挂”，大家可以理解为“挂”在视频上的字幕，类似于视频弹幕。

普通字幕需要在视频剪辑过程中制作，制作完成后才能上传并发布，这对于追踪热点活动类的视频来说就比较麻烦，因为制作字幕会增加视频剪辑时间，从而影响视频内容的及时性。视频发布后，运营者即使发现字幕有错别字或其他错误，也无法进行修改。当用户自由缩放屏幕观看视频时，如果进行满屏操作，字幕将会被遮挡，这就极大地影响了观看体验，如图 5-13 所示。

外挂字幕相对来说就更胜一筹，运营者可以先发布视频，再添加字幕，不会因为字幕而耽误发布的时间，如果运营者发现字幕有错误，可以及时修改字幕并重新上传。外挂字幕还支持多语言字幕切换和双语字幕功能，在不影响视频正常播放的情况下，用户可以自由地选择相应的字幕展示。另外，由于外挂字幕是“挂”在视频上的，用户在进行满屏操作时，并不会影响字幕的显示效果。

目前仅支持在西瓜创作平台上为视频添加外挂字幕，且运营者需要提前准备好与视频匹配的 ass、ssa、srt 格式的外挂字幕文件。运营者可以通过第三方字幕制作工具，生成字幕后导出相应格式的字幕文件。下面为运营者们介绍为视频添加外挂字幕的具体操作方法。

步骤 01　进入西瓜创作平台“发布视频”界面，在“更多选项”面板中，单击“添加字幕”按钮，如图 5-14 所示。

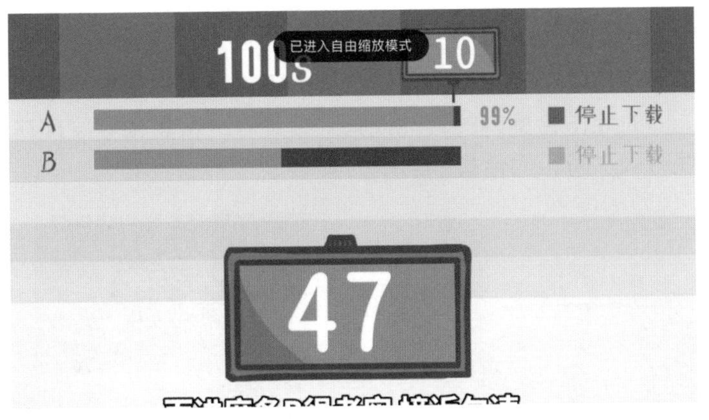

图 5-13　进入自由缩放模式时字幕被遮挡

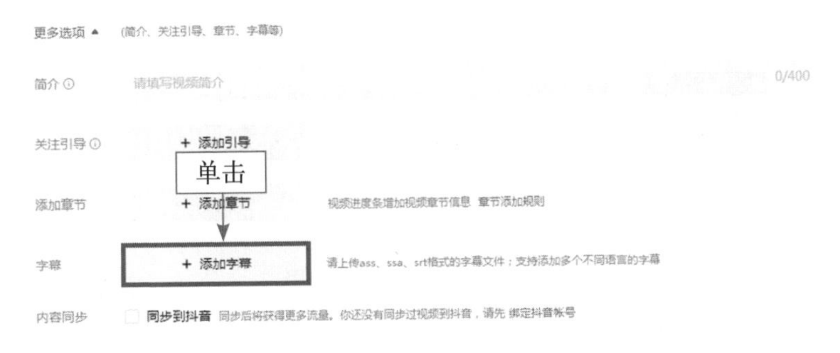

图 5-14　单击“添加字幕”按钮

步骤 02 进入“添加字幕”界面，选择字幕语言；单击“上传字幕文件”按钮上传字幕文件；单击“确定”按钮，如图 5-15 所示。

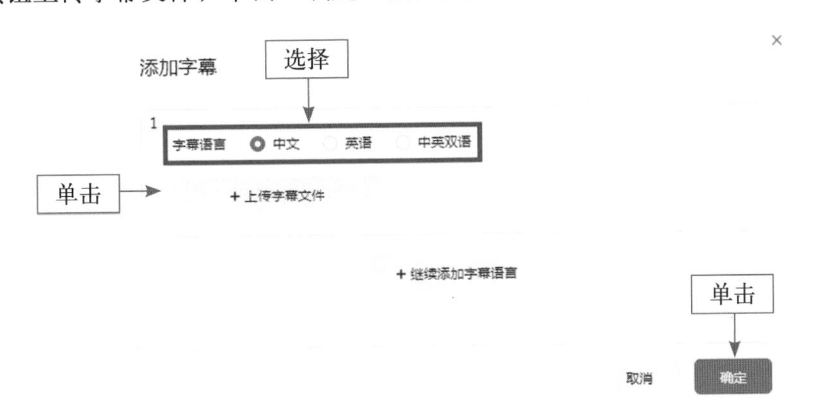

图 5-15　单击相应按钮

5.1.7 视频合集，增加视频播放

视频合集是指将多个视频整合在一个标签下，当用户观看合集里的任何一个视频时，也能同时点击合集内的其他视频继续观看，合集也会展现在运营者的个人主页中。图 5-16 所示为合集的展示效果。

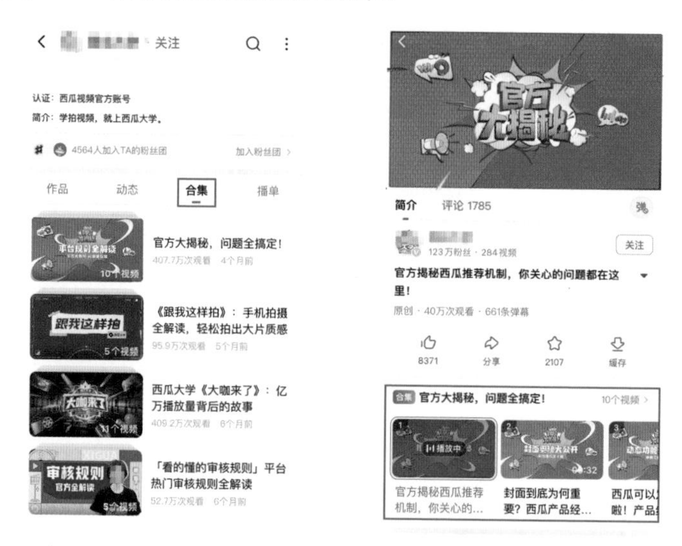

图 5-16 合集的展示效果

运营者可以通过西瓜创作平台创建视频合集，具体操作方法如下。

步骤 01 进入西瓜创作平台，单击“内容管理”按钮；单击“合集”按钮；单击“创建合集”按钮，如图 5-17 所示。

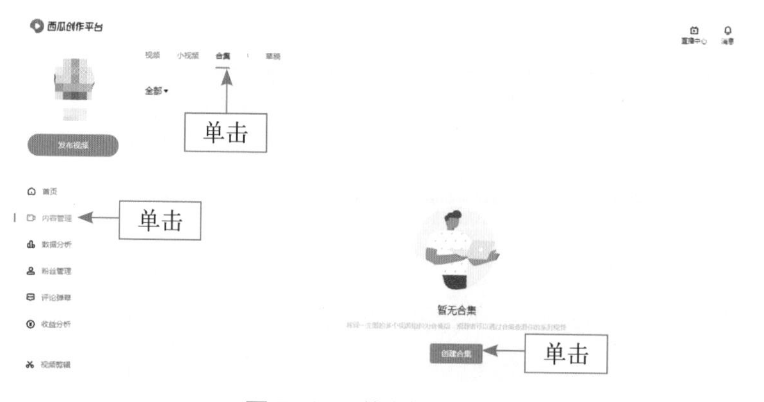

图 5-17 单击相应按钮

步骤 02 进入“创建合集”界面，输入合集标题；上传合集封面；单击“添加视频”按钮，添加相应视频；单击“创建合集”按钮，如图 5-18 所示。

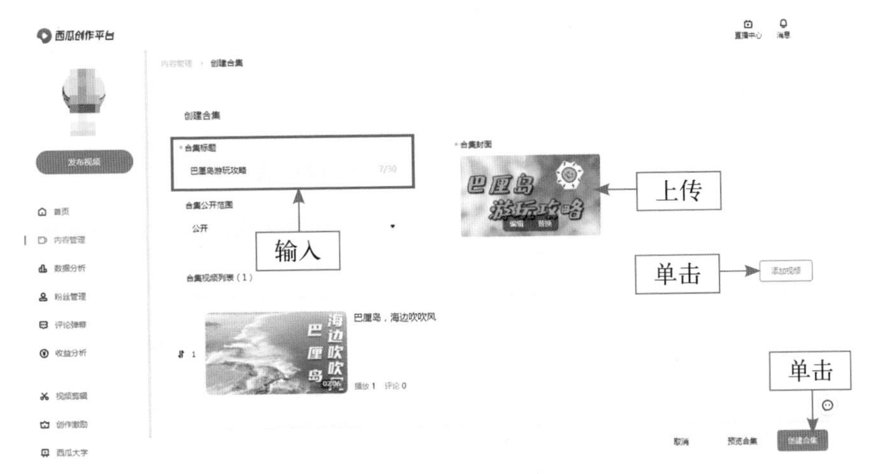

图 5-18 创建合集

运营者创建视频合集可以将同一主题的多个视频组成一个整体，这样不仅方便用户观看视频，还能提高视频的播放量。下面为运营者们介绍一些合集的注意事项。

1. 合集标题

- 标题必须符合客观事实，不可夸大或滥用误导性词语，如“史上最全”“绝无仅有”等。
- 运营者在设置合集标题时，要对文字进行提炼，太长或太短的标题都不太合适，表达清晰易懂即可。
- 标题要能准确概括合集内视频的内容特征，突出主题，不建议使用太过宽泛的标题，如“精彩瞬间”“电影大合集”等。

2. 合集封面

- 封面需选择高清晰度、高质量的图片。
- 不同的合集需使用不同的照片作为封面。
- 封面要与合集视频内容相符合，不使用无关或无意义的图片。

3. 合集内容

- 同一合集内的视频需具有关联性，视频内容要符合合集主题。
- 合集内的视频如有观看顺序要求，应避免出现乱序、缺序等问题。
- 持续创作的视频合集应保持规律的更新频率，避免断更。
- 合集内视频应完整，避免缺漏，包含系列视频的合集更有价值。

专家提醒

合集中只能添加运营者自己上传、发布的视频，并且一个视频只能添加至一个合集中，不建议运营者将相关性弱的视频添加到合集中滥竽充数，否则将会影响合集的内容质量，从而影响平台的推荐。

5.2 数据分析，6 个方面优化内容

运营者想要创作出更优质的视频内容，就要仔细分析平台的相关数据，对数据进行复盘总结并掌握提高账号权重的方法。运营者只有对平台的相关信息和制度了如指掌，才能更好地进行创作。

下面以西瓜创作平台为例，为运营者介绍查看相关数据的方法。登录西瓜创作平台，运营者可以在“数据分析”界面查看视频的数据概览。在平台的数据分析中，有多个与播放量相关的数据，即具体视频的昨日展现量、昨日播放量、昨日播放时长和昨日评论量等。

创作者通过这些数据的分析，可以衡量视频内容的受欢迎程度。如果运营者的某个视频的数据都很高，系统就会认为该视频很受用户喜欢，从而增加该视频的推荐。图 5-19 所示为西瓜视频某账号的数据分析界面。

图 5-19 西瓜视频某账号的数据分析界面

5.2.1 视频收藏，提高实用价值

在西瓜创作平台上，运营者能够清晰地看到“昨日收藏量”的数据，这是运营者衡量内容价值的关键数据。

收藏量是指观看视频后点击收藏视频的用户数量，这一数据代表了用户对内容价值的肯定。一般来说，如果用户觉得视频内容没有价值，就不会耗费终端有限的内存来收藏一个毫无价值的视频。所以，只有视频内容对用户来说有价值，他们才会选择收藏。

因此，对运营者来说，要想提高收藏量，首先就要提升视频内容的推荐量和播放量，并确保视频内容对用户有实用价值。只有高的推荐量和播放量，才能在用户基数大的情况下实现收藏量的提升；只有视频内容有实用价值，能够提升用户自身技能或者能给用户带来某些启发等，才能让用户主动收藏。

5.2.2 视频点赞，获得用户认可

点赞量可以说是评估视频的重要数据，只要视频中存在用户认可的点，他们就会点赞该视频。例如，用户会为视频内容中的正能量而点赞；也会为视频中所表露出来的某种情怀而点赞；还会因为视频中的主角有某方面的出色技能而点赞等。

不同账号和不同内容的点赞量差别很大，多的可以达数百万、数千万，少的甚至有可能为 0。如果有某些视频的点赞量很高，运营者就需要仔细分析点赞数高的那些视频内容到底有哪些方面是值得借鉴的，并按照所获得的经验一步步学习、完善，力求持续打造优质视频内容，提升账号的整体运营价值。

5.2.3 视频互动，带动活跃气氛

视频的互动量与收藏量、点赞量一样，是影响平台推荐量的重要因素。如果运营者想要提升互动量，就要积极回复用户的评论，或者发表视频之后，在该视频的评论区发起话题，吸引用户评论。

运营者可以在西瓜创作平台的“评论弹幕”界面中查看用户发布的评论，然后回复用户，如图 5-20 所示。

图 5-20 回复用户评论

5.2.4 账号粉丝，了解运营现状

粉丝的力量是无穷的，比如一些当红的流量明星，支撑他们的其实是上百万甚至上千万的粉丝。因此，对粉丝数据进行分析，提升粉丝活跃率、付费率和留存率是数据分析里很重要的部分。

运营者通过对粉丝现状的分析，可以清晰地认识到该账号目前的运营情况和面临的困境，找到优化的切入点。而通过提升粉丝活跃率、付费率和留存率，运营者可以全面提升该账号视频的各项数据。下面笔者就分别对粉丝分类、提升粉丝活跃率、付费率和留存率的方法进行详细解析。

1. 粉丝分类

一般来说，我们会把粉丝分为 3 个阶层，如图 5-21 所示。

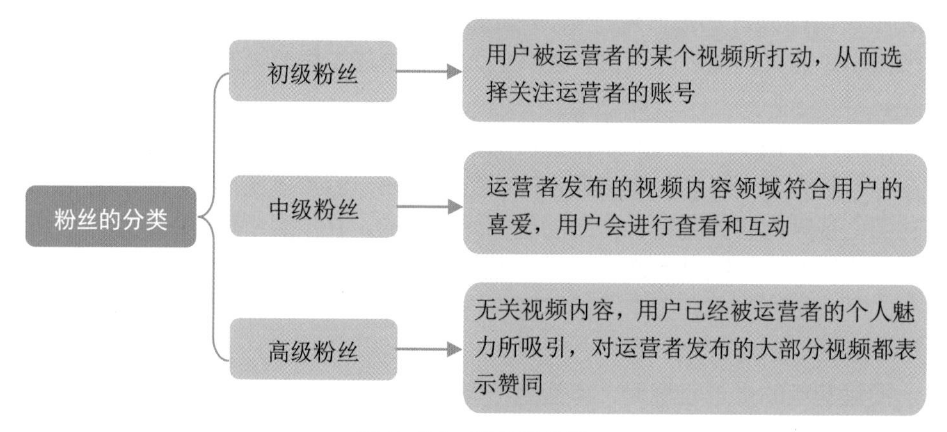

图 5-21 粉丝的分类

其中，初级粉丝、中级粉丝和高级粉丝这 3 个阶层的粉丝虽然类型不同，但是会互相转化的。如果运营者的视频内容质量足够优质，初级粉丝可能会被你的其他视频逐渐吸引，从而转化成中级粉丝。如果中级粉丝被视频账号树立的个人形象所吸引，那么他们可能会转化成高级粉丝。

相反，如果视频内容质量较差，运营者没做好粉丝运营维护，高级粉丝也有可能降级为中级粉丝、初级粉丝，甚至取消关注。

2. 粉丝活跃率

粉丝活跃率一般体现在粉丝是否愿意主动观看运营者的视频，观看之后是否会产生点赞、评论和分享等行为。粉丝活跃率越高，运营者的视频数据才会越好，视频才会被更多人看见。具体来说，运营者要想提高账号的粉丝活跃率，可以从以下 3 个方面入手，如图 5-22 所示。

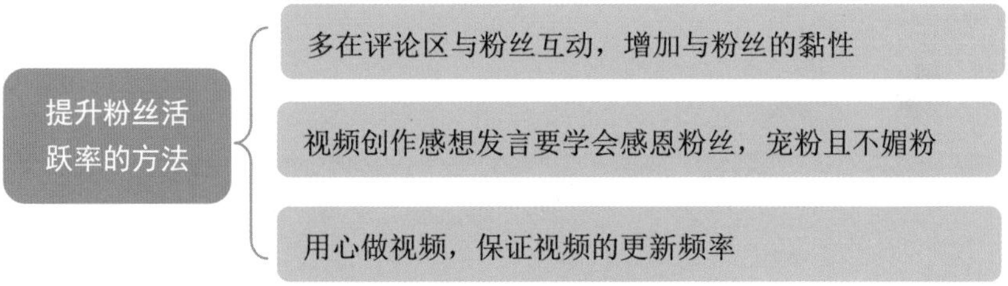

提升粉丝活跃率的方法
- 多在评论区与粉丝互动，增加与粉丝的黏性
- 视频创作感想发言要学会感恩粉丝，宠粉且不媚粉
- 用心做视频，保证视频的更新频率

图 5-22　提升粉丝活跃率的方法

3. 粉丝付费率

粉丝付费率一般体现在粉丝愿不愿意接受运营者推广视频中的产品，并且主动购买该产品，从而让品牌商家看到运营者的商业潜力。粉丝付费率越高，运营者的商业收入才会越多。运营者想要提高账号的粉丝付费率，可以从以下 3 个方面入手，如图 5-23 所示。

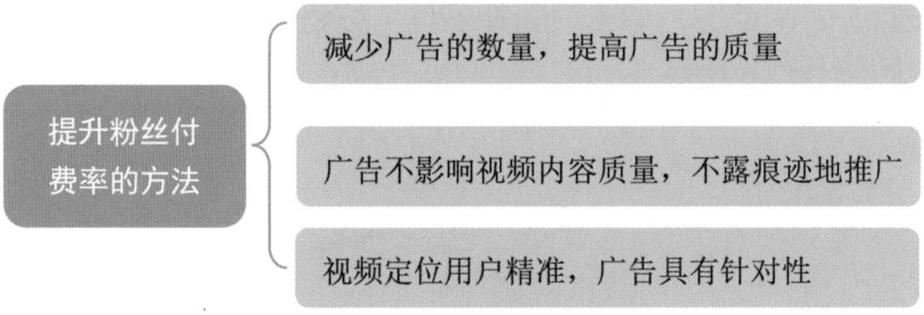

提升粉丝付费率的方法
- 减少广告的数量，提高广告的质量
- 广告不影响视频内容质量，不露痕迹地推广
- 视频定位用户精准，广告具有针对性

图 5-23　提升粉丝付费率的方法

4. 粉丝留存率

粉丝留存率体现在粉丝关注运营者后是否保持关注。粉丝留存率越高，运营者的粉丝量基础才能稳扎稳打地不断提升，账号的价值才会越来越高。运营者想要提高自己账号的粉丝留存率，可以从以下 3 个方面入手，如图 5-24 所示。

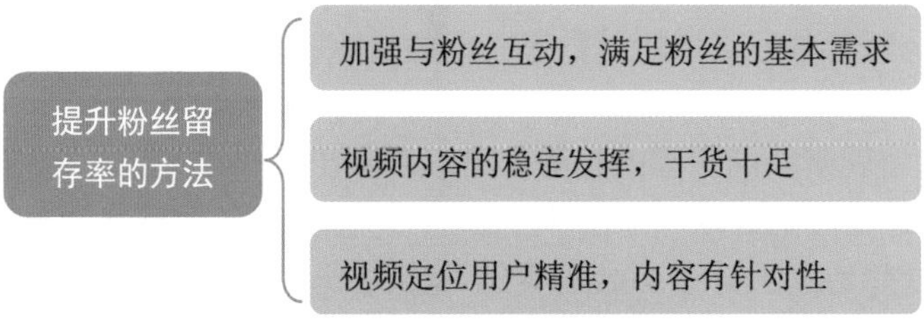

提升粉丝留存率的方法
- 加强与粉丝互动，满足粉丝的基本需求
- 视频内容的稳定发挥，干货十足
- 视频定位用户精准，内容有针对性

图 5-24　提升粉丝留存率的方法

运营者如果想要查看新增粉丝数据，只需要登录西瓜创作平台，在“粉丝管理”界面便可以看到粉丝的数据概况，如图 5-25 所示。

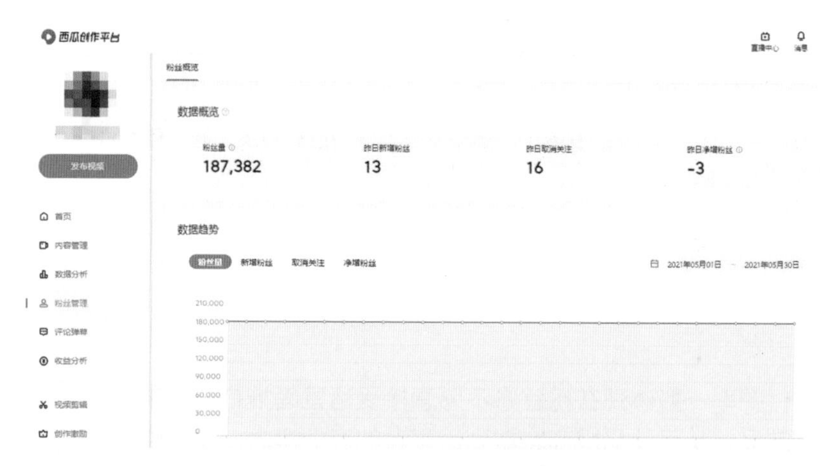

图 5-25　查看粉丝数据概况

如果运营者想要查看某个时间段内新增粉丝数量的波动情况，可以在数据趋势图右侧设置好时间范围，单击“新增粉丝”按钮，这样便可以查看新增粉丝数据的情况，如图 5-26 所示。

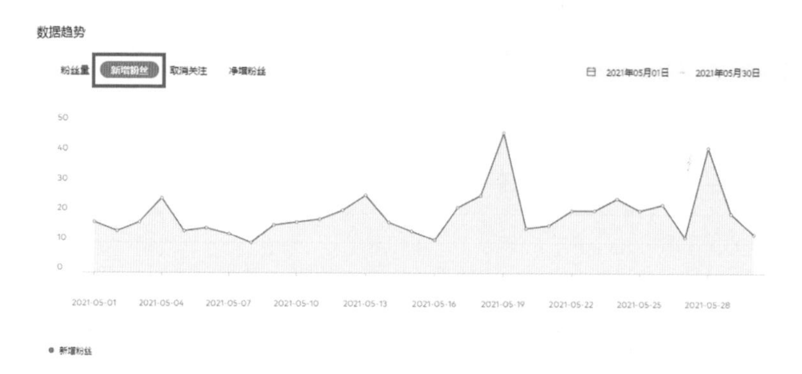

图 5-26　新增粉丝数据趋势折线图

那么，运营者分析新增粉丝数量有何意义呢？笔者将这一问题的答案总结为以下两点。

(1) 运营者观察新增粉丝的趋势，可以判断出不同时间段的宣传效果。

(2) 观察趋势图的“峰点”和“谷点”，可分析出不同宣传效果出现的原因。峰点表示的是趋势图上处于高处的突然下降的节点。它与谷点（表示的是趋势图上处于低处的突然上升的节点）相对，都是趋势图中特殊的点。

我们观察图 5-26 中的峰点，可以发现 2021 年 5 月 19 日的新增粉丝数据，比其他时间的新增粉丝多，此时运营者就要思考并查明粉丝数量增长的原因，是不是当天所发布的视频内容对用户的吸引力更大呢？

通过分析，我们可以把分析得到的经验复制下去，从而优化内容的方向，不断地寻求吸引粉丝的方法。

5.2.5 数据复盘，做好经验总结

要想成为优秀的西瓜视频运营者，除了做好日常的运营工作之外，还要进行必要的数据复盘。数据复盘不是简单的总结，而是对过去所做的全部工作进行一个深度的思维演练。西瓜视频运营复盘的作用主要体现在 4 个方面，具体如下。

(1) 了解西瓜视频账号运营的整体规划和进度。

(2) 看到自身的不足和对手的优势等。

(3) 能够站在全局的高度和立场，看待整体局势。

(4) 找出并剔除失败因素，重现并放大成功因素。

总的来说，西瓜视频的数据复盘就是回顾运营情况，并在此过程中分析和改进运营中出现的各种问题，从而优化方案。西瓜视频的运营与项目管理非常相似，成功的运营离不开好的方案指导，只有采用科学的复盘方案，才能保证运营更加专业化。

对于运营者来说，数据复盘是一项必须学会的技能，是个人成长的重要能力，我们要善于通过数据复盘来将经验转化为能力，具体的操作步骤如下。

1. 回顾目标

目标就像是一座大厦的地基，如果地基没有建好，那么大厦就会存在很大的隐患，不科学的目标可能会导致运营失败。因此，运营者在做运营之前，就需要拟定一个清晰的目标，并不断地回顾和改进。

2. 评估结果

复盘的第二个任务就是对比结果，看看是否与当初制定的目标有差异，主要包括刚好完成目标、超额完成目标、未完成目标和添加新目标 4 种情况，分析相关的结果和问题，并加以改进。

3. 分析原因

分析原因是复盘的核心环节，包括分析和总结成功的因素和失败的原因。例如，发布的视频为什么没有人关注，或者哪些视频成功地吸引到大量粉丝关注等，将这些成功或失败的原因都总结出来。

4. 总结经验

复盘的主要作用就是将运营中的所有经验转化成个人能力，因此最后一步就是总结出有价值的经验，包括得失的体会，以及是否有规律性的东西值得思考，还包括下一步的行动计划。

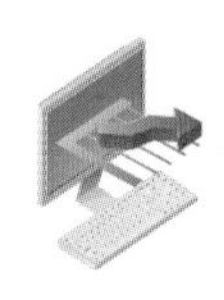

5.2.6 掌握方法，提升账号权重

对账号数据进行分析总结后，运营者还需要掌握一定的运营技巧，让自己的视频能够被更多观众看到。这里重点挑选了 4 个可以帮助大家提升账号推荐权重的维度，分别为垂直度、活跃度、健康度和互动度。

1. 垂直度

什么叫垂直度？通俗来说，就是运营者拍摄的视频内容符合自己的目标群体定位。例如，运营者是化妆品商家，想要吸引对化妆感兴趣的女性人群，可以拍摄大量的化妆教程，这样的内容垂直度就比较高。

西瓜视频平台会根据运营者的账号标签为其推荐精准的流量，例如运营者发布了旅游类的视频，平台推荐这个视频后，很多观众都为该视频点赞和评论，此时平台就会将运营者的视频内容打上旅游类的标签，同时将视频推送给更多旅游爱好者观看。但如果运营者之后再发布一个搞笑类视频，那么内容的垂直度就很低，与推荐的流量属性匹配不上，点赞和评论的数量也会非常低。

推荐算法的机制就是用标签来精准匹配内容和流量，这样每个用户都能看到自己喜欢的内容，每个运营者都能得到粉丝的关注，平台也能长久地活跃。

2. 活跃度

活跃度是视频平台的一个重要运营指标，每个平台都会努力提升自己的日活跃用户数据。日活跃用户是各个平台竞争的关键要素，运营者必须持续输出优质内容，帮助平台提升日活跃用户数据，平台也会给这些运营者更多的流量扶持。

3. 健康度

健康度主要体现在用户对运营者发布的短视频内容的喜好程度，其中完播率就是最能体现账号健康度的数据指标。内容的完播率越高，说明用户对视频的满意度越高，则运营者的账号健康度也就越高。因此，运营者需要努力打造自己的人设魅力，提升视频内容的吸引力，保证优良的画质效果。

4. 互动度

互动度显而易见就是指用户的点赞、评论、私信和转发等互动行为，运营者要积极回复用户的评论和私信，做好视频的粉丝运营，培养信任关系。

在视频运营中，运营者也应该抓住粉丝对情感的需求，任何形式的、能够感动人心的细节方面的内容，都有可能触动粉丝的心灵。粉丝运营的最终目标是让用户按照自己的想法，去转发内容、购买产品、给产品好评并分享给好友，把用户转化为最终消费者。

第 6 章

吸粉引流：零成本快速实现流量的倍增

如果运营者没有掌握吸粉引流的方法，即使创作出优质的内容也无法将视频展示在更多用户面前。运营者要想获得更多的流量，就需要开展多渠道的引流工作，让自己的视频得到更多的曝光机会。本章将介绍 6 种站内精准吸粉的方法和 5 个提升粉丝黏性的技巧，帮助各位运营者零成本快速获得巨大流量。

6.1 站内引流，6 种方法精准吸粉

在这个流量为王的时代，运营者只要拥有流量，变现就不是难题。运营者想要扩大粉丝量，可以先着眼于平台本身，利用平台所提供的机制和功能轻松地迈出吸粉引流的第一步。下面就为各位运营者介绍西瓜视频平台内精准吸粉引流的方法。

6.1.1 推荐机制，抓牢精准用户

运营者想要了解推荐机制，首先要了解用户的观看兴趣，个性化推荐机制就是向每位用户展示可能感兴趣的内容。西瓜视频平台的推荐机制是一种精准的推荐算法，用机器分析用户的观看兴趣数据，数据不同也会影响机器计算用户兴趣的权重。图 6-1 所示为机器计算用户观看兴趣的数据内容。

- 机器计算用户观看兴趣的数据内容
  - 用户的性别、年龄和所在地
  - 观看过的视频类型以及搜索过的关键词
  - 关注的账号、关注的话题以及经常浏览的内容
  - 喜好相似的其他用户感兴趣的视频类型

图 6-1　机器计算用户观看兴趣的数据内容

推荐机制其实就是从平台海量的内容池中，选出用户最有可能感兴趣的内容，平台会利用很多先进技术为运营者的视频分类并刻画出用户的画像。推荐机制就像是一座桥梁，连接用户和视频内容，将匹配度高的内容源源不断地展现在用户面前。推荐机制有两个特点，具体如下。

(1) 兴趣匹配。如果用户观看的视频类型与内容分类的匹配度高，系统就会认为用户对此类内容感兴趣。

(2) 分批次推荐。视频首先会推荐给一批可能感兴趣的目标用户，这一批次的用户数据将会影响下一次推荐。

平台首次推荐运营者的视频，如果点击率不高，评论、转发和点赞的数据量都很低，系统就会默认此视频不适合推荐给更多用户，从而减少推荐量；反之，如果视频的各项数据都很高，系统会认定此视频为优质内容，适合推荐给更多用户，就会进一步增加该视频的推荐量。依次类推，视频每一次新的推荐量都会以上一次推荐的数据水平为依据。

基于这种灵活弹性的推荐机制，运营者想要获得更多的推荐量，就需要把视频的各项数据维持在一定水平，这就需要运营者创作出内容优质的视频，凭实力吸引用户关注。下面就为大家介绍创作内容优质的视频的几个要点，如图 6-2 所示。

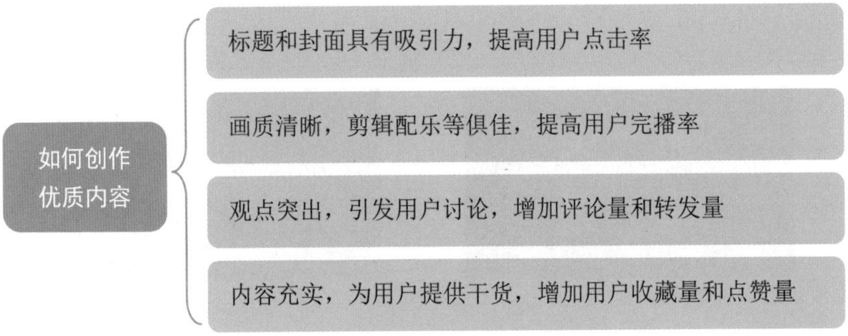

如何创作优质内容
- 标题和封面具有吸引力，提高用户点击率
- 画质清晰，剪辑配乐等俱佳，提高用户完播率
- 观点突出，引发用户讨论，增加评论量和转发量
- 内容充实，为用户提供干货，增加用户收藏量和点赞量

图 6-2 如何创作内容优质的视频

6.1.2 爆款标题，吸引用户点击

一个视频最先吸引观众的是什么？毋庸置疑是标题，好的标题才能让用户点进去查看视频内容，从而让视频上热门。因此，拟写视频的标题就显得十分重要，而掌握一些标题创作技巧也就成了每个运营者必须掌握的核心技能。下面就为运营者介绍撰写爆款标题，为视频引流的技巧。

1. 撰写标题，遵守原则

评判一个视频标题的好坏，不仅要看它是否有吸引力，还需要参照其他一些原则。在遵守这些原则的基础上撰写的题目，能让运营者的视频更容易获得流量，这些原则具体如下。

1) 换位原则

运营者在拟定视频标题时，不能只站在自己的角度去想，更要站在用户的角度去思考。也就是说，应该将自己当成受众，如果你想知道这个问题，你会用什么搜索词来搜索这个问题的答案，这样写出来的标题会更接近用户的心理感受。

因此，运营者在拟写标题前，可以先将有关的关键词输入平台的搜索栏中进行搜索，然后从排名靠前的结果中找出标题的规律，再将这些规律用于自己要撰写的视频标题中。

2) 新颖原则

运营者如果想要让自己的标题形式变得新颖，可以采用多种方法。笔者在这里介绍几种比较实用的标题形式。

- 视频标题写作尽量使用问句，这样能引起人们的好奇心，比如：“谁来‘拯救’缺失的牙齿？”这样的标题更容易吸引读者。
- 视频标题创作时要尽量写得详细，这样才会更有吸引力。
- 要尽量将利益写出来，无论是用户观看这条视频后所带来的利益，还是这条视频中涉及的产品或服务所带来的利益，都应该在标题中直接告诉用户，从而增加标题对用户的影响力，如图 6-3 所示。

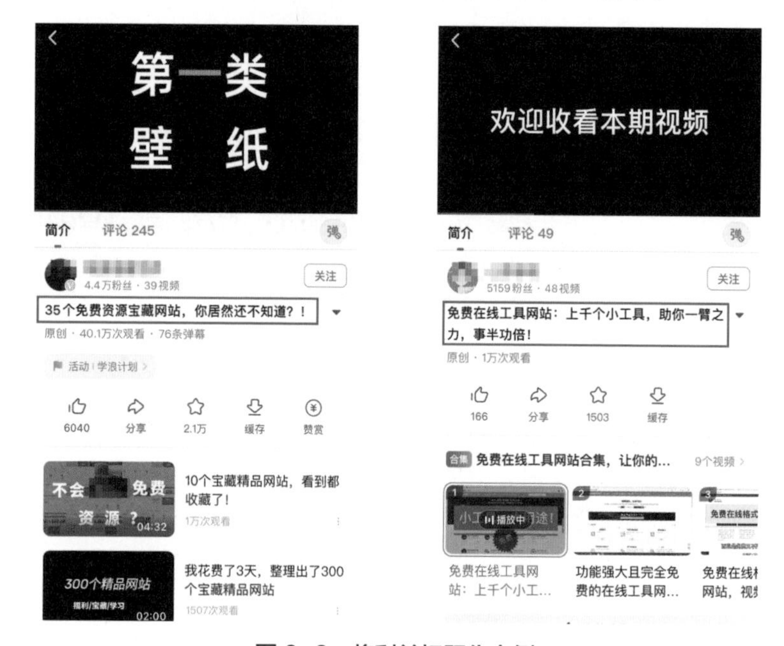

图 6-3　将利益标题化案例

3) 组合原则

通过观察，可以发现能获得高流量的视频标题，都是拥有多个关键词并且进行组合之后的标题。这是因为只有单个关键词的标题，它的排名影响力不如拥有多个关键词的标题。

例如，如果仅在标题中嵌入“面膜”这一个关键词，那么用户在搜索时，只有搜索到“面膜”这一个关键字时，视频才会被搜索出来。而标题上如果含有“面膜”“变美”以及“年轻”等多个关键词，则用户在搜索其中任意一个关键词的时候，标题都会被搜索出来，标题“露脸”的机会也就更多了。

2. 爆款标题，凸显主旨

俗话说：“题好一半文。”意思就是说，题目拟得好，文章就成功一半了。衡量一个标题好坏的方法有很多，而标题能否体现视频的主旨就是衡量标题好坏的一个主要参考依据。如果一个标题不能够做到在受众看见它的第一眼就明白它想要表达的内容，由此得出该视频是否具有点击查看的价值，那么用户在很大程度上就会放弃观看这个视频的内容。

那么，视频标题能否体现视频主旨，将会造成不同的结果。具体分析如图 6-4 所示。

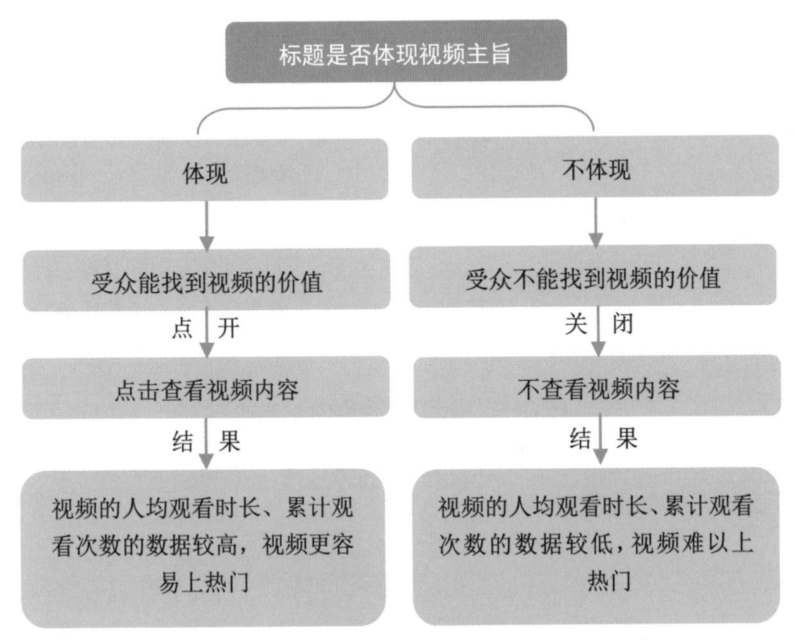

图 6-4 标题能否体现视频主旨造成的结果

经过分析，大家可以直观地看出，视频标题是否体现视频主旨会直接影响营销效果。所以，视频运营者要想让自己的视频获得更多流量的话，那么在取视频标题的时候一定要多注意视频的标题是否体现了其主旨。一个好的标题能让你的主旨加倍充实地体现出来。

3. 吸睛词汇，引起关注

标题是视频的“眼睛”，在视频中有着举足轻重、无法替代的作用。标题展示着一个视频的大意、主旨，甚至是对故事背景的诠释，所以一个视频点击率的高低，与标题有着不可分割的联系。

视频标题要想吸引受众，就必须有其点睛之处。给视频标题“点睛”是需要一定技巧的。在撰写标题的时候，运营者加入一些能够吸引用户的词汇，比如“惊现”“福利”“秘诀”“震惊”等。这些“点睛”词汇，能够让用户对视频内容产生好奇心。

例如，福利型标题是指在标题上向受众传递一种“观看这个视频你就赚到了”的感觉，让用户自然而然地想要点开查看。一般来说，福利型标题准确把握了视频用户贪图利益的心理需求，让视频用户一看到“福利”的相关字眼就会忍不住想要了解视频的内容。

福利型标题的表达方法有两种，一种是直接的表达方式，另一种则是间接的表达方式，虽然方式不同，但是效果相差无几，具体如图 6-5 所示。

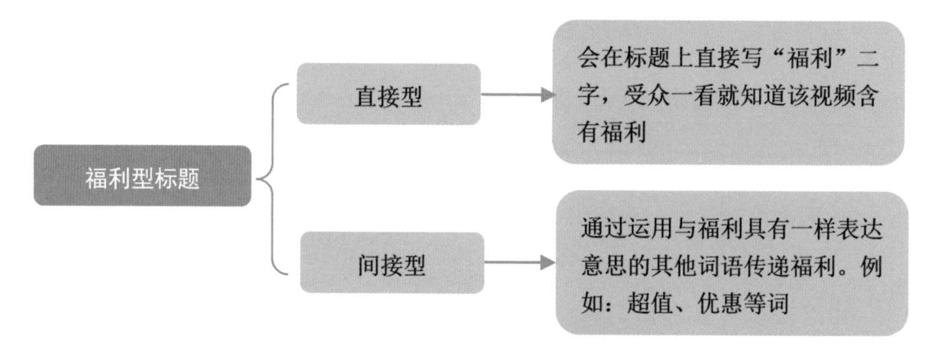

图 6-5　福利型标题的表达方式

值得注意的是，在撰写福利型标题的时候，无论是直接型还是间接型，都应该掌握 3 大技巧，如图 6-6 所示。

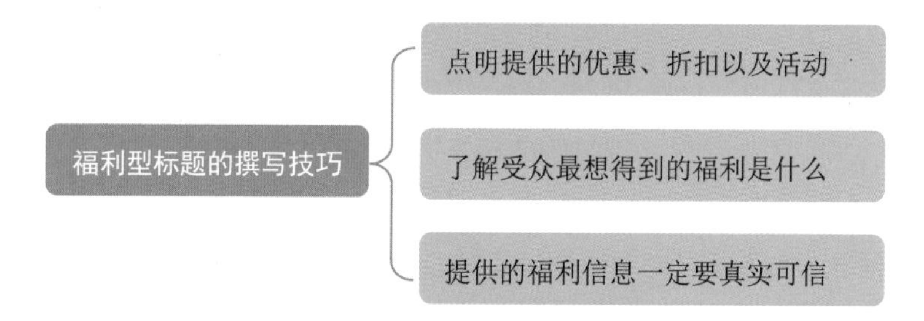

图 6-6　福利型标题的撰写技巧

福利型标题通常会给受众带来一种惊喜之感，试想，如果视频标题中或明或暗地指出含有福利，你难道不心动吗?

福利型标题既可以吸引用户的注意力，又可以为用户带来实际利益，可谓是一举两得。当然，福利型标题在撰写的时候也要注意，不要因为侧重福利而偏离了主题，而且最好不要使用太长的标题，以免影响视频的传播效果。

4. 突出重点，用数字化标题

一个标题的好坏直接决定了视频点击率的高低，所以在撰写标题时，一定要突出重点。标题字数不要太长，最好能够朗朗上口，这样才能让受众在短时间内，就能清楚地知道你想要表达的是什么，用户自然也就愿意观看你的视频内容了。

在撰写标题的时候，要注意的一点是，标题用语应该简短一点，突出重点，切忌撰写的标题成分过于复杂。标题简单明了，用户在看到这样的标题的时候，会有一个比较舒适的视觉感受，阅读起来也更方便。

例如，使用数字型标题就能很好地突出视频的内容重点。数字型标题是指在标题中呈现出具体的数字，通过数字来概括相关的主题内容。数字不同于一般的文字，它会带给用户比较深刻的印象，与用户的心灵产生奇妙的碰撞，从而很好地吸引用户的好奇心理。

在视频中采用数字型标题有不少好处，如图 6-7 所示。

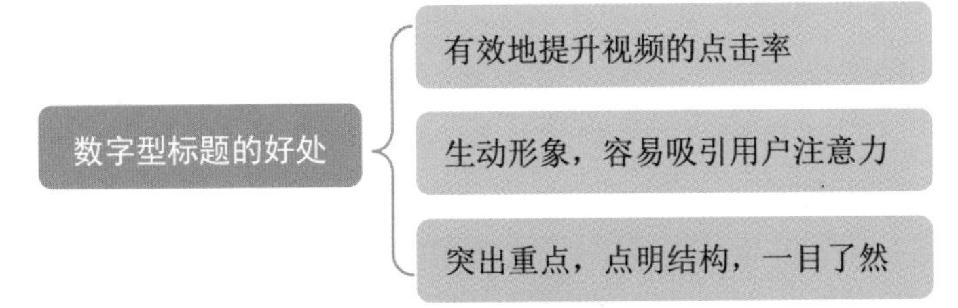

图 6-7　数字型标题的好处

值得注意的是，数字型标题也很容易打造，因为它是一种概括性的标题。图 6-8 所示为撰写数字型标题的技巧。

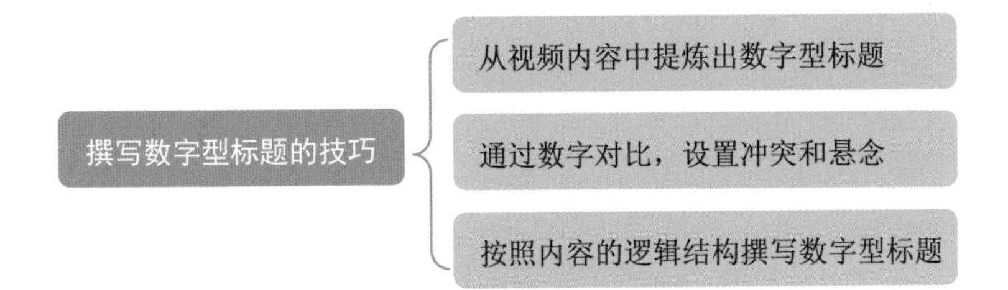

图 6-8　撰写数字型标题的技巧

此外，数字型标题还包括很多不同的类型，比如时间、年龄等，具体来说可以分为 3 种，如图 6-9 所示。

数字型标题比较常见，它通常会采用悬殊的对比、层层递进等方式呈现，目的是营造一个比较新奇的情景，对受众产生视觉上和心理上的冲击。

事实上，很多内容都可以通过具体的数字总结和表达，只要把想重点突出的内容提炼成数字即可。同时还要注意的是，在打造数字型标题的时候，最好使用阿拉伯数字，统一数字格式，尽量把数字放在标题前面。

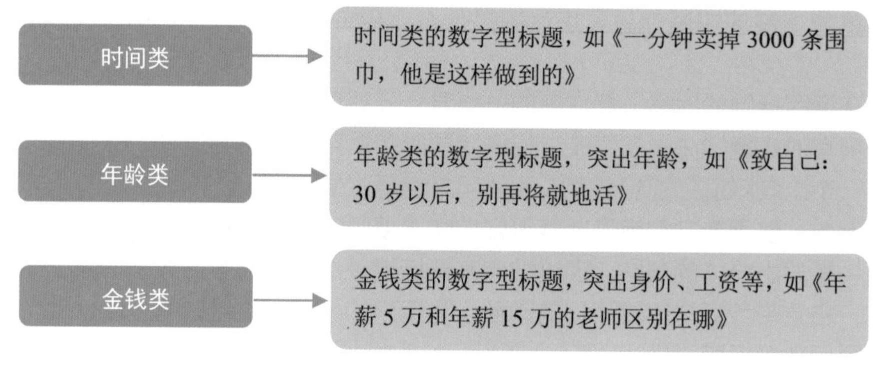

图 6-9　数字型标题的类型

5. 掌握词根，增加曝光

进行标题编写的时候，运营者需要充分考虑怎样去吸引目标受众的关注 。而要实现这一目标，就需要从关键词入手。要想在标题中运用关键词，就需要考虑关键词是否含有词根。

词根指的是词语的组成根本，只要有词根我们就可以组成不同的词。运营者在标题中加入有词根的关键词，才能将标题的搜索度提高。例如，一个视频标题为“十分钟教你快速学会手机摄影”，那这个标题中“手机摄影”就是关键词，而“摄影”就是词根，根据词根我们可以搜出更多与摄影相关的标题。

6.1.3　优质封面，呈现最佳效果

封面对于一个视频来说是至关重要的，因为许多视频用户都会根据封面呈现的内容，决定要不要点击查看该视频。那么，如何制作出优质封面为视频引流呢？笔者认为大家可从 6 个方面进行重点考虑，下面就详细地针对这 6 个方面的内容进行解读。

1. 图片尺寸，完美呈现内容

在制作视频封面时，一定要注意图片的大小。如果图片太小，呈现出来的内容可能会不太清晰。遇到图片不够清晰的情况，运营者最好重新制作图片，因为画面的清晰度会直接影响用户观看视频内容的感受。

2. 原创符号，展示独家专属

这是一个越来越注重原创的时代，无论是视频，还是视频的封面，都应该尽可能地体现原创。因为人们每天接收到的信息非常多，对于重复出现的内容，大多数人不会太感兴趣。所以，如果你的视频封面不是原创的，用户可能会根据视频封面来判断自己是否已经看过相似的内容。这样一来，视频的点击率就难以得

到保障了。

其实，使用原创视频封面这一点要做到很简单。因为绝大多数运营者拍摄或上传的视频内容都是自己制作的，运营者只需从视频中选择一个画面作为视频封面，基本上就能保证视频封面的原创性。因为你自身所处的场景和人物的活动氛围等都是独一无二的。

当然，为了更好地显示视频封面的原创性，运营者还可以对视频封面进行一些处理。比如，在封面上加一些可以体现原创的文字，如原创、自制等，如图 6-10 所示。这些文字虽然是对整个视频的说明，但用户看到之后，也能马上明白包括封面在内的所有视频内容都是运营者自己制作的。

图 6-10 “原创”视频封面

3. 展现看点，选取不同景别

许多运营者在制作视频封面时，会直接从视频中选取画面作为视频的封面。这部分运营者需要特别注意一点，那就是不同景别的画面，显示的效果会有很大的不同。运营者在选择视频封面时，应该选择展现视频最大看点的景别，让用户能够快速地把握重点。图 6-11 和图 6-12 所示为荷花的两个摄影课程视频封面。

可以看到这两个画面在景别上就存在很大的区别：图 6-11 画面是近景，一朵荷花盛开在荷叶之中，绿中一点红，直接突显出视频的主题；而图 6-12 画面是远景，虽然能显示盛开的荷花，但是画面中更多的是荷叶，荷花的特征不太明显。

图 6-11　近景视频封面示例

图 6-12　远景视频封面示例

4．超级符号，吸引用户目光

超级符号就是一些在生活中比较常见的、一看就能明白的符号。比如，红绿灯就属于一种超级符号，大家都知道“红灯停，绿灯行”，又如一些知名品牌的 LOGO，我们一看就知道它代表的是哪个品牌。

相对于纯文字的说明，带有超级符号的标签，在表现力上更强，也更能让运营者快速地把握重点信息。因此，在制作视频封面时，运营者可以尽可能地使用超级符号来吸引用户的关注。

图 6-13 所示为某运营者的视频封面。该运营者的视频封面中都是用软件图标作为超级符号，以此来吸引用户的关注。

图 6-13　用超级符号吸引用户的关注

5. 文字内容，传达有效信息

在视频封面的制作过程中，如果文字说明运用得好，就能起到画龙点睛的作用。然而，现实却是许多运营者在制作视频封面时，对于文字说明的运用还存在各种各样的问题，主要体现在以下两个方面。

一是文字说明使用过多，封面上文字信息占据了很大的版面，不仅增加了用户阅读文字信息的时间，而且文字说明已经包含了视频要展示的内容，用户看完视频封面之后，甚至都没有必要再去查看具体的视频内容了，如图 6-14 所示。

图 6-14　存在问题的视频封面

二是在视频封面中干脆不进行文字说明，这种方式虽然能保持画面的美观，但是却不利于观众想象。其实，要运用好文字说明也很简单，运营者只需尽可能地用简练的文字进行表达，有效地传达信息即可。

图 6-15 所示为西瓜视频上某美食账号的视频封面。该封面在文字说明的运用上就做得很好，这个账号以分享各种美食为主，所以它的视频封面基本上只有美食的类型。这样一来，用户只需要看封面上的文字，便能迅速地判断这个视频是要展示哪种具有特色的美食。

图 6-15　文字说明运用得当的视频封面

6. 强化色彩，增加视觉冲击

人是一种视觉动物，越是鲜艳的色彩，通常越容易吸引人的目光。因此，运营者在制作视频封面时，应尽可能地让物体的颜色更好地呈现出来，让整个视频封面的视觉效果更强一些。

图 6-16 所示为两个美食视频的封面。如果将这两个封面作对比，显然右侧的封面对用户的吸引力会强一些。这主要是因为左侧的封面在拍摄时光线有些不足，再加上封面中的食物的颜色经过烹制之后，出现了变化，所以，左侧的封面虽然色彩丰富，但是却不够鲜艳。而右侧的封面光线充足，看上去更美观，视觉效果更好。

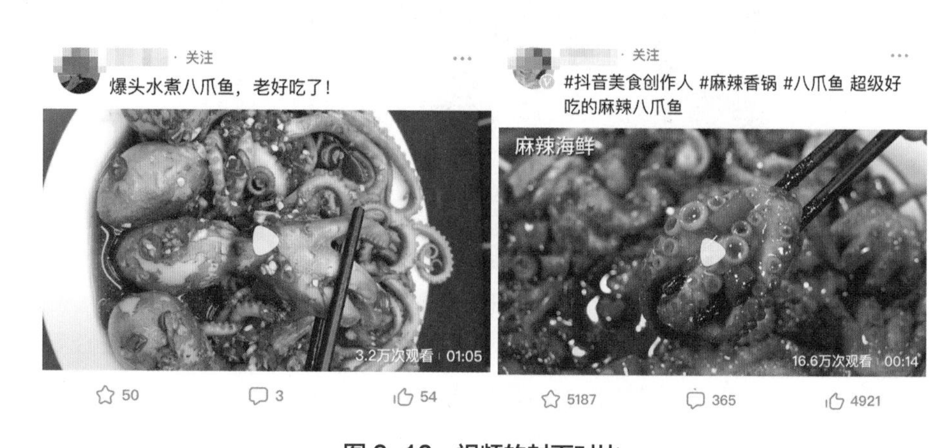

图 6-16　视频的封面对比

6.1.4　抖音同步，增加视频曝光

西瓜视频支持运营者将视频同步至抖音平台，这就意味着运营者可以同时获得两个平台的流量，能够大大增加视频的曝光率。如果视频无法同步，运营者请自查是否有以下几点，视频存在以下任何一种情况都无法进行同步操作。

(1) 视频已经同步至抖音平台。

(2) 视频是从抖音平台同步至西瓜视频平台的。

(3) 视频正在审核或审核未通过。

(4) 视频设置为“仅我可见”。

(5) 视频中添加了商品。

(6) 视频为专栏视频。

(7) 视频绑定了星图任务。

下面就为大家介绍新发布的西瓜视频同步至抖音平台的操作方法。

步骤 01 进入西瓜创作平台“发布视频”界面，单击“更多选项”按钮，如图 6-17 所示。

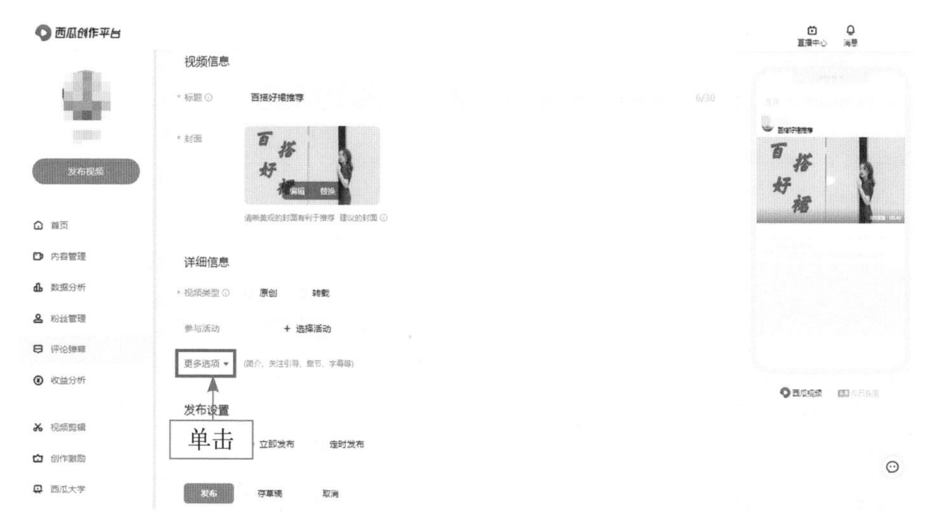

图 6-17 单击“更多选项”按钮

步骤 02 在“内容同步”选项中选中“同步到抖音”复选框；单击“展开”按钮，如图 6-18 所示。

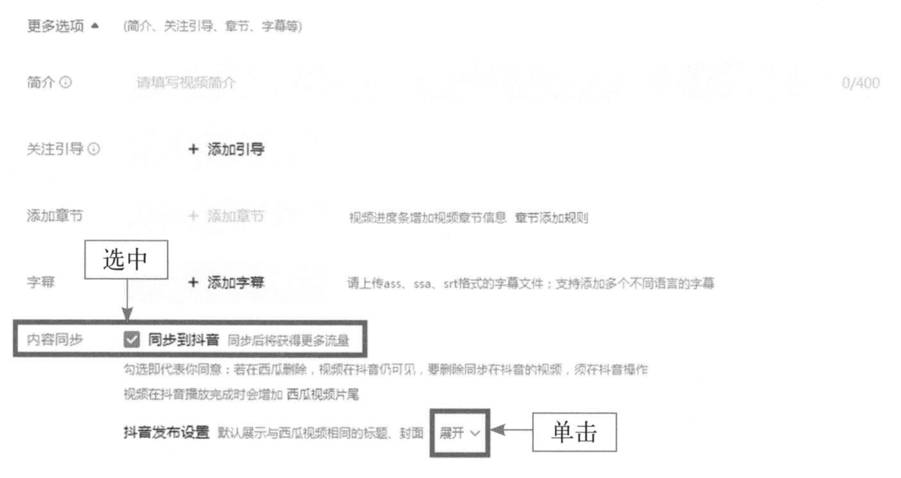

图 6-18 单击“展开”按钮

无论是最新发布的视频还是历史视频，运营者都可以同步至抖音平台。下面介绍同步历史视频的方法。

步骤 01 进入西瓜创作平台的“内容管理”界面，单击“同步部分视频”按钮，

如图 6-19 所示。

图 6-19 单击“同步部分视频”按钮

步骤 02 进入“同步部分视频”界面，选择需要同步的视频；单击“确定同步”按钮，如图 6-20 所示。

图 6-20 单击“确定同步”按钮

6.1.5 专属水印，加深用户印象

为视频添加专属水印后，视频右上角就会展示运营者的账号名称，这样不仅能让用户加深对运营者的印象，起到吸粉引流的作用，还能防止内容被他人盗用。

下面就以西瓜视频创作平台为例，为大家介绍添加专属水印的操作方法。

进入西瓜创作平台，单击“创作设置”按钮；选中“水印设置”选项后的“开启”复选框，如图 6−21 所示。

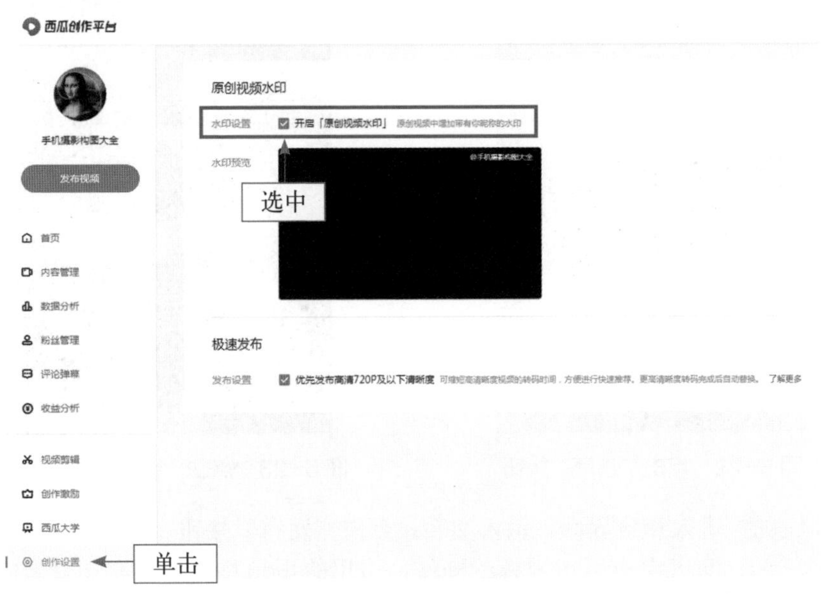

图 6−21　开启水印设置

专家提醒

需要注意的是，水印设置开启后发布的视频才会带有专属水印，水印设置开启前发布的视频不会自动添加水印。

6.1.6　引用视频，今日头条引流

目前在今日头条 App 上也能为视频助力引流，运营者使用微头条将视频引用在今日头条的动态里，视频就能够得到二次曝光，可以说是又获得了一批流量，为账号引流吸粉扩大了一倍范围。下面就为运营者们介绍如何使用今日头条 App 的微头条功能，为西瓜视频吸粉引流。

步骤 01 打开今日头条 App，打开想要引用的视频，点击“选项”按钮⋯，如图 6-22 所示。

步骤 02 在弹出的选项面板中点击“引用视频”按钮，如图 6-23 所示。

图 6-22　点击“选项”按钮

图 6-23　点击“引用视频”按钮

步骤 03 进入相应界面，输入文字；点击“发布”按钮，如图 6-24 所示。

步骤 04 即可完成引用视频的操作，引用的视频将会展示在运营者的个人主页中，如图 6-25 所示。

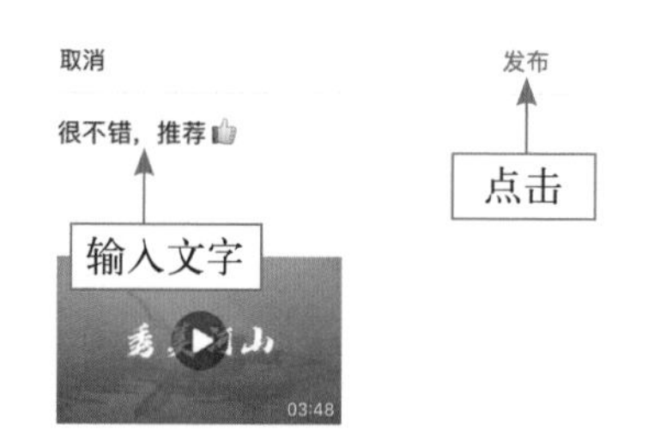

添加位置

图 6-24　点击“发布”按钮

暂无更多内容

图 6-25　个人主页展示效果

6.2 粉丝互动，5 个技巧提升黏性

粉丝互动率是加重运营者账号权重的重要数据之一，粉丝的支持也是运营者持续输出优质内容的强大动力，因此运营者需要加强与粉丝之间的互动，不断地提高粉丝的黏性。本节就以西瓜视频平台的多种功能为例，为运营者们介绍加强粉丝管理的办法。

6.2.1 回复评论，维护粉丝关系

许多用户在看视频时，会习惯性地查看评论区的内容，用户如果觉得视频内容比较有趣，还会 @ 好友前来观看该视频。因此，如果运营者评论区利用得当，也可以起到不错的引流效果。

当视频刚发布时，可能看到视频的用户不是很多，也不会有太多用户进行评论。如果此时运营者进行自我评论，也能在一定程度上提高视频的评论量。除了自我评价补充信息之外，运营者还可以通过回复评论解决用户的疑问，引导用户关注，达到吸粉的目的。

回复用户的评论看似是一件再简单不过的事，实则不然。如果回复得好，那么回复的内容可能会为视频带来更多流量；如果回复得不好，则可能会为账号带来一些黑粉。运营者一定要了解回复评论的注意事项，并据此进行评论区的运营，需要注意的事项如下。

1. 第一时间回复评论

运营者应该尽可能在第一时间回复用户的评论，这主要有两个方面好处：一是能够让用户感觉到受重视，这样自然能增加这些用户对运营者账号的好感；二是回复评论能够在一定程度上增加视频的热度和曝光率。

那么，如何做到第一时间回复用户的评论呢？其中一种比较有效的方法就是在视频发布的一段时间内，及时查看用户的评论。一旦发现有新的评论，便在第一时间作出回复。

2. 不要重复回复评论

对于相似的问题，或者同一个问题，运营者不要重复进行回复。这主要有两方面原因：一是重复回复会让用户产生反感情绪；二是相似的问题，点赞高的问题会排到评论区靠前的位置，运营者只需选择点赞较高的问题进行回复，其他有相似问题的用户自然就能看到，而且这还能减少评论的回复工作量，节省大量的时间。

3. 注意规避敏感词汇

对于一些敏感的问题和词汇，运营者在回复评论时一定要尽可能规避。当然，

如果避无可避，也可以采取迂回战术，如不对敏感问题作出正面回答，可以用一些意思相近的词汇或用谐音代替敏感词汇。

6.2.2 发送私信，便捷沟通交流

私信让运营者和用户之间的交流更便捷，如果账号本身的内容质量好，就会有很多用户主动过来私信交流，这时运营者只需要及时回复私信即可。

值得注意的是，运营者在私信内容里不要植入太过明显的营销元素，这样容易引起用户的反感。私信的形式可以是图文结合，尽可能地维护粉丝关系，减少用户的抵触心理，增加信任度，如图 6-26 所示。

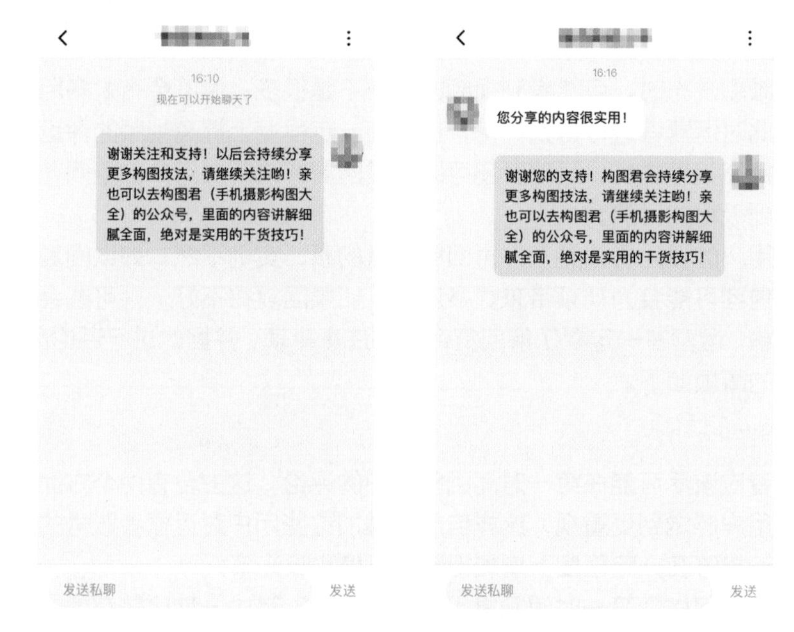

图 6-26 私信维护粉丝关系

6.2.3 强烈推荐，获得用户喜爱

强烈推荐是平台推出的一种新的互动方式，当用户特别喜欢某一条视频时，只需长按点赞按钮，即可强烈推荐该视频。当用户长按点赞按钮为运营者送出强烈推荐时，就代表此视频得到了比普通点赞更高的认可，平台规定 1 个强烈点赞的推荐效果等于 6 个普通点赞的推荐效果。

视频的点赞率越高，获得平台的推荐量就越多，视频的曝光率也会同步增长，因此运营者需要利用好强烈推荐功能。下面为运营者们介绍使用西瓜视频 App 查看强烈推荐数据的方法。

步骤 01 打开西瓜视频 App，进入“我的”界面，点击“数据中心”按钮，如图 6-27 所示。

步骤 02 进入“数据中心”界面，查看“昨日强烈推荐”数据，如图 6-28 所示。

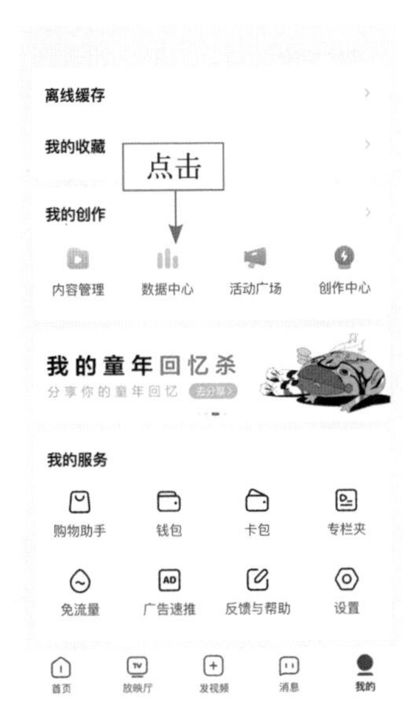

图 6-27 点击“数据中心”按钮

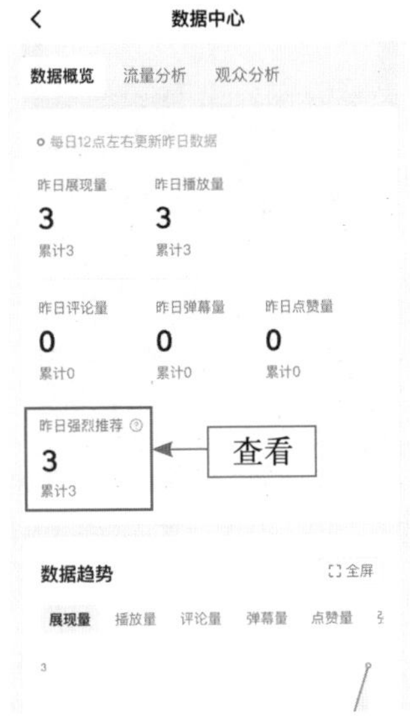

图 6-28 查看“昨日强烈推荐”数据

专家提醒

运营者可以在视频中号召用户为自己长按点赞按钮，也可以在评论区或弹幕中使用顺口溜吸引用户强烈推荐，如“长按点赞，一直陪伴”等。运营者也可以在剪辑视频时添加“强烈推荐”贴纸引导用户送出强烈推荐，运营者需要尽一切努力提高强烈推荐的数量。

6.2.4 关注引导，方便用户转粉

关注引导是官方提供给运营者在视频内添加关注按钮的功能，运营者在视频发布设置时，选择并添加关注引导出现的时间，用户在观看视频时，点击视频中出现的关注按钮，即可成为运营者的粉丝。

运营者配合使用提示关注的语音、手势和视频字幕，添加关注引导的效果会更显著。下面为大家介绍使用西瓜视频 App 添加关注引导的方法。

步骤 01 视频剪辑完成后，点击“下一步”按钮，如图 6-29 所示。

步骤 02 进入“发布视频”界面，点击“关注引导”按钮，如图 6-30 所示。

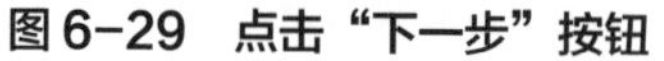

图 6-29　点击“下一步”按钮

图 6-30　点击“关注引导”按钮

步骤 03 进入“关注引导”界面，在“设置出现时间”选项下，选择“最后 5 秒（推荐）”选项，如图 6-31 所示。

步骤 04 即可完成引导关注设置，用户在视频中点击相应按钮便可以关注运营者，如图 6-32 所示。

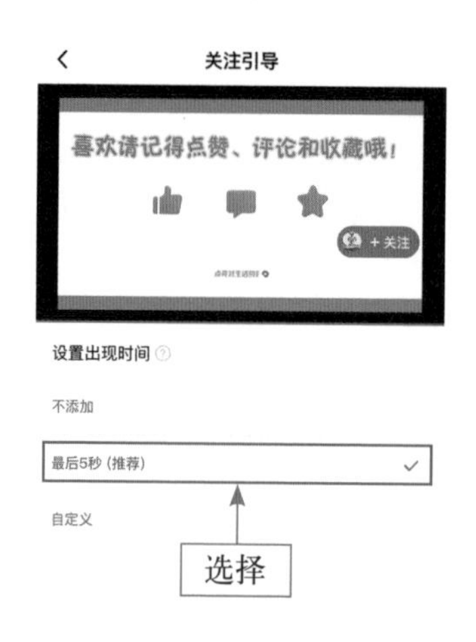

图 6-31　选择相应选项

图 6-32　点击相应按钮

6.2.5 发表动态，展现真实人设

动态功能让运营者可以随时随地发表自己的想法或见闻，也可以转发其他精彩视频并表达自己的想法。运营者经常发布自己的想法，能够向粉丝展示更真实的人设，从而提高粉丝的黏性。每条动态最多支持运营者输入2000字、添加9张图片。下面为大家介绍使用西瓜视频App发布动态的方法。

步骤01 打开西瓜视频App，进入“我的”界面，点击“发动态”按钮，如图6-33所示。

步骤02 进入“发动态”界面，输入文字；添加图片；点击“发布”按钮，如图6-34所示。

图6-33 点击“发动态”按钮

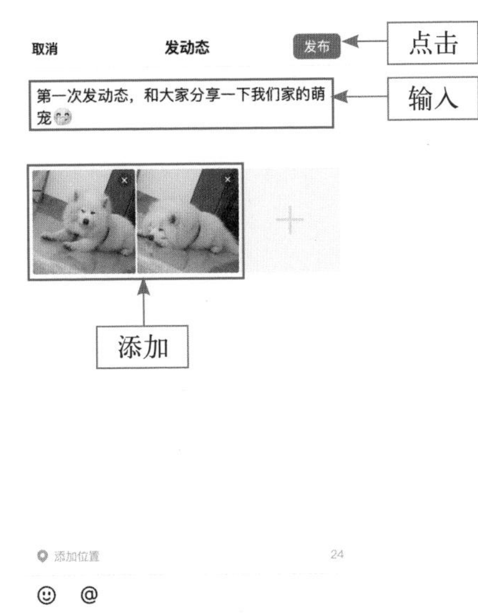

图6-34 点击“发布”按钮

动态发布成功后，粉丝在“关注”频道和运营者个人主页中都可以查看此动态，运营者多分享一些自己的日常生活，也能够和粉丝拉近距离，从而维护好与粉丝的关系。

第 7 章

平台变现：西瓜视频盈利模式全面揭秘

很多运营者之所以运营西瓜视频平台，最终目的就是从中获得一定的收益。本章就为各位运营者介绍 5 种稳定收入的内容变现方法和 3 种提高收益的电商变现方式，让大家全面了解西瓜视频的盈利模式，从而更好地创作视频内容，全面提高创作收入。

7.1 内容变现，5 种方法稳定收入

运营者在西瓜视频平台上创作优质视频，除了想要获得用户认可和赞赏带来的情感支持外，也需要获得基本的物质保障，才能源源不断地输出优质的视频。平台也推出了一系列创作权益支持运营者创作，下面就向各位运营者介绍平台提供的内容变现途径。

7.1.1 创作收益，开通基础权益

运营者加入西瓜视频平台的创作激励，开通创作权益后，平台会自动向运营者开放创作收益权限。运营者通过西瓜创作平台、头条号后台发布视频，或使用西瓜视频App、今日头条App发布横版视频，平台会默认投放广告以此获得收益。

运营者想要获得更多的广告收益，就要创作出优质内容，不断地提高视频的点击率和曝光率。下面为大家介绍开通创作权益的具体方法。

步骤 01 打开西瓜视频 App，进入“我的”界面，点击“创作中心”按钮，如图 7-1 所示。

步骤 02 进入“创作中心”界面，点击“创作激励”按钮，如图 7-2 所示。

图 7-1 点击“创作中心”按钮

图 7-2 点击“创作激励”按钮

步骤 03 进入“创作者计划”界面，点击“立即加入”按钮，如图 7-3 所示。

步骤 04 即可成功地加入创作者计划，开通创作权益，如图 7-4 所示。

图 7-3　点击“立即加入”按钮

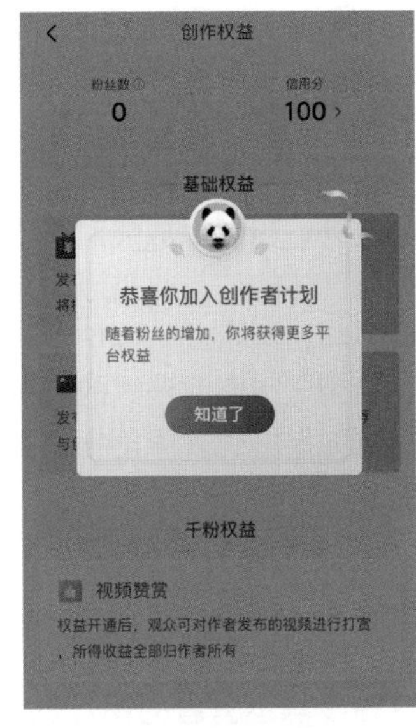

图 7-4　成功开通创作权益

运营者即使开通了创作权益，也有可能遇到无法获得收益的情况，一般有以下几种原因，如图 7-5 所示。

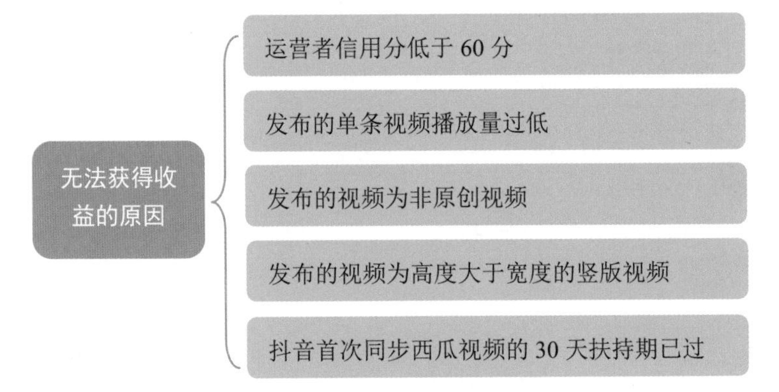

图 7-5　无法获得收益的原因

广告收益并不是固定的，不同类型的视频由于受众不同，广告收益也会有差异。影响广告收益的因素有很多，如视频内容的质量、播放量、原创程度、目标用户以及完播率等，影响广告收益的具体因素如下。

(1) 账号违规被扣除信用分。

(2) 视频因违规被平台下架。

(3) 运营者删除或撤回视频。

(4) 视频各项数据低，不适合推荐给其他用户。

平台鼓励受众结构丰富的视频，因此运营者要不断地丰富视频受众结构。如果运营者的视频被不同性别、多个年龄段和多个城市的用户同时观看，收益肯定优于其他受众结构单一的运营者。

除此之外，粉丝播放量对于广告收益的影响远大于非粉丝播放量，视频通过粉丝播放所产生的广告收益通常是非粉丝播放产生收益的 3 倍。因此，运营者平时也需要多与粉丝互动，维护粉丝关系，增强粉丝黏性。

为了给用户提供沉浸式的观看体验，平台鼓励运营者发布垂直度高、主题突出、信息量充足的优质原创横版视频，这样能获得平台更多的推荐，从而获得更高的收益。

7.1.2 视频赞赏，获得用户青睐

视频赞赏属于创作权益中的“千粉权益”，这就意味着开通此项权益有一定权限，平台要求运营者的粉丝数量要达到 1000 人且信用分保持 100 分，即可申请开通视频赞赏权益。权益开通后，用户如果特别喜欢运营者的视频，则可以对视频进行一定金额的赞赏，视频获得的全部赞赏都归运营者所有。

下面就以西瓜创作平台为例，为大家介绍使用赞赏权益的具体方法。

步骤 01 进入西瓜创作平台“发布视频”界面，单击“更多选项”按钮，如图 7-6 所示。

图 7-6 单击“更多选项”按钮

步骤 02 在“赞赏设置”选项中选中“开启赞赏”复选框，如图 7-7 所示。

图 7-7 选中“开启赞赏”复选框

专家提醒

目前仅支持运营者在西瓜创作平台和头条号后台开启赞赏功能，西瓜视频 App 无法进行操作，请谨慎选择发布方式。当运营者的信用分低于 60 分时，平台将会冻结运营者的视频赞赏权益。

7.1.3 付费专栏，提供专业知识

付费专栏是今日头条平台为运营者提供的一种全新的内容变现方式，运营者可以在专栏中发布图文、音频或视频等内容并自行标定价格，用户购买内容后运营者即可获得专栏收益分成。图 7-8 所示为头条号“手机摄影构图大全”创建的付费专栏。

图 7-8 头条号“手机摄影构图大全”的付费专栏

付费专栏属于创作权益中的“万粉权益”，运营者的粉丝数量达到 1 万人且信用分保持 100 分，即可申请开通付费专栏权益。运营者提交开通申请后，平台会在 1 ~ 3 个工作日内进行审核，审核的条件主要有以下几点。

(1) 运营者头条号已完成身份校验。

(2) 内容符合平台管理规范。

(3) 运营者在今日头条平台发布的免费文章或视频不少于 5 篇。

7.1.4 巨量星图，接受任务商单

巨量星图是西瓜视频官方为运营者推出的推广任务接单平台，运营者的粉丝数量超过 1 万人即可入驻巨量星图平台。运营者在巨量星图平台上接受任务和商单来获取收益，同时还能获得平台的流量扶持。

任务投稿是巨量星图为运营者提供的一种一对一的任务模式，由客户发起任务，多位运营者在任务中心查看任务并根据要求选择参与。任务最终结算也是按照考核指标对运营者的作品评定等级，按照一等奖、二等奖和三等奖发放奖金。

总的来说，运营者在巨量星图平台完成投稿任务的流程为运营者选择任务投稿，然后客户根据考核指标选稿，最后公示参与结果并发放奖励。图 7-9 所示为巨量星图官网说明页。

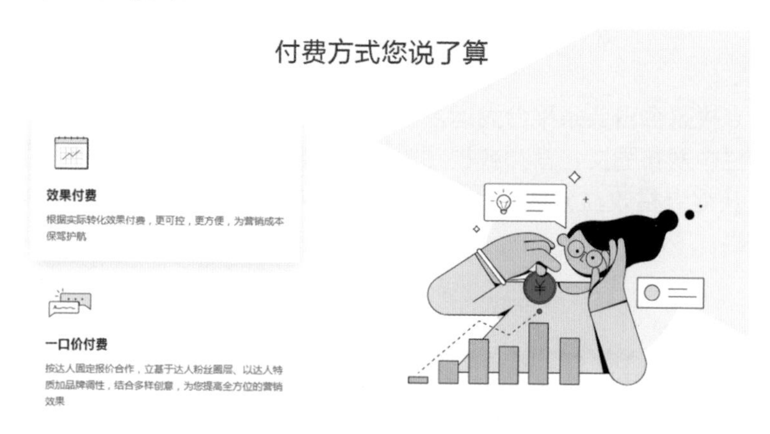

图 7-9　巨量星图官网说明页

7.1.5 平台活动，参与有奖创作

为了提高运营者的创作热情，平台会定期推出各种各样的有奖活动来吸引运营者参与。下面为大家介绍查看活动的具体方法。

步骤 01 打开西瓜视频 App，进入“我的”界面，点击“活动广场”按钮，如图 7-10 所示。

步骤 02 进入“活动广场”界面，点击感兴趣的相关活动，如图 7-11 所示。

步骤 03 进入“活动详情”界面，查看活动投稿方向；点击“立即投稿”按钮，如图 7-12 所示。

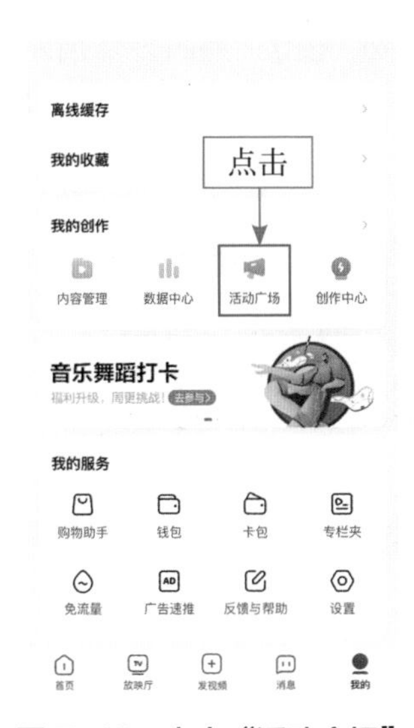

图 7-10　点击“活动广场”按钮

图 7-11　点击相关活动

图 7-12　点击“立即投稿”按钮

操作完成后，即可拍摄或上传符合条件的视频，参与此项活动。运营者除了在活动广场中查看平台发布的活动并参与外，还能在视频发布页参与活动，具体操作步骤如下。

步骤 01 进入“发布视频”界面，点击“活动”按钮，如图 7-13 所示。

步骤 02 进入“参加活动”界面，点击相应活动，如图 7-14 所示。

图 7-13　点击“活动”按钮

图 7-14　点击相应活动

步骤 03 操作完成后，即可参与相关活动，点击“发布”按钮，如图 7-15 所示。

步骤 04 运营者发布视频后，视频下方会显示具体的活动名称，如图 7-16 所示。

图 7-15 点击“发布”按钮

图 7-16 显示活动名称

专家提醒

建议运营者首先在活动广场查看活动详情，选择感兴趣的活动并进行视频策划，这样创作出来的内容会更加贴合活动主题。

7.2 电商变现，3 个方式提高收益

无论在哪个视频平台，运营者热衷的众多变现玩法中，比较热门的就是电商变现。在西瓜视频平台上通过电商变现的方式有很多种，如橱窗带货、直播带货和视频带货等，本节就为大家具体介绍这几种变现方法。

7.2.1 橱窗带货，获得佣金收入

运营者想要在直播或视频中添加商品，就要申请开通商品卡权益。商品卡属于创作权益中的“万粉权益”，意味着运营者的粉丝数量要达到 1 万人且信用分保持 100 分才能申请开通此权益。开通了商品卡权益后，运营者的个人主页界面会展示商品橱窗入口，如图 7-17 所示。

图 7-17　个人主页界面的商品橱窗

下面以西瓜视频 App 为例，向大家介绍为商品橱窗添加商品的具体方法。

步骤 01 打开西瓜视频 App，进入“我的”界面，点击“商品橱窗”按钮，如图 7-18 所示。

步骤 02 在弹出的“商品分享服务开通协议”界面中，点击“我已阅读并同意”按钮，如图 7-19 所示。

图 7-18　点击“商品橱窗”按钮

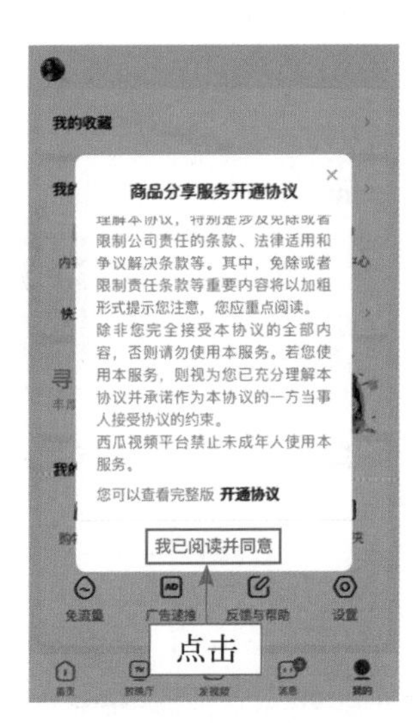

图 7-19　点击“我已阅读并同意”按钮

步骤 03 进入“商品橱窗”界面，点击“橱窗管理”按钮，如图 7-20 所示。

步骤 04 进入“商品橱窗管理”界面，点击“添加商品”按钮，如图 7-21 所示。

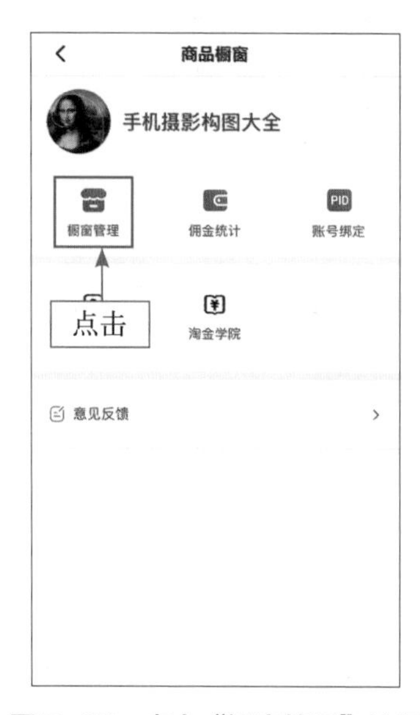

图 7-20 点击“橱窗管理”按钮

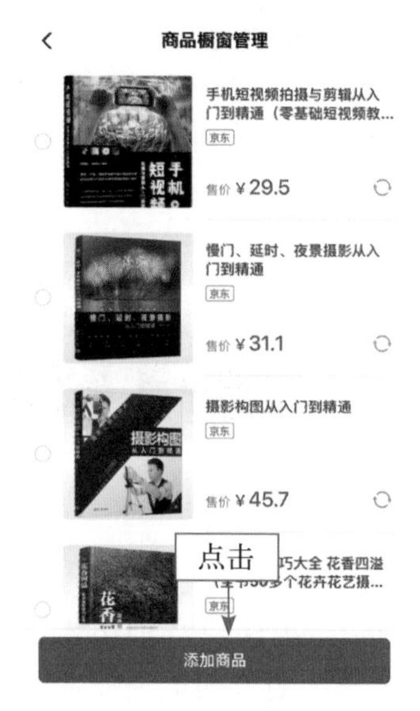

图 7-21 点击“添加商品”按钮

步骤 05 进入“添加商品”界面，点击“粘贴链接”按钮，如图 7-22 所示。

步骤 06 在搜索栏粘贴商品链接；点击“查找”按钮，如图 7-23 所示。

图 7-22 点击“粘贴链接”按钮

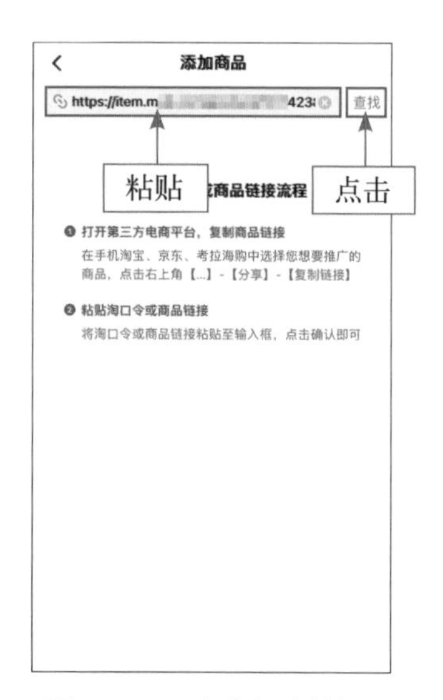

图 7-23 点击相应按钮

步骤 07 点击“加橱窗”按钮，如图 7-24 所示。

步骤 08 操作完成后，即可将商品添加至橱窗，如图 7-25 所示。

图 7-24 点击“加橱窗”按钮

图 7-25 商品添加至橱窗

运营者也可以直接在搜索栏中输入商品名称进行搜索，具体步骤如下。

步骤 01 进入“添加商品”界面，点击搜索栏，如图 7-26 所示。

步骤 02 输入商品名称；点击“搜索”按钮，如图 7-27 所示。

步骤 03 找到想要添加的商品，点击“加橱窗”按钮，如图 7-28 所示。

图 7-26 点击搜索栏

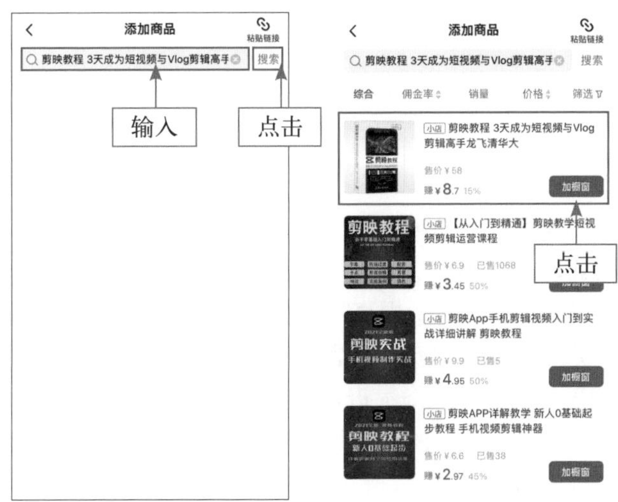

图 7-27 点击“搜索”按钮 图 7-28 点击“加橱窗”按钮

专家提醒

运营者将商品添加至橱窗的目的是为了带货，从而获得收益。因此，运营者可以将不同的商品链接进行比较，选择那些价格既能让用户接受，自己也能获得可观佣金的商品。

运营者获得的佣金都能在商品橱窗中查看，方法如下。

步骤 01 进入“商品橱窗”界面，点击“佣金统计”按钮，如图 7-29 所示。

步骤 02 进入“佣金统计”界面，即可查看可提现金额，如图 7-30 所示。

图 7-29 点击“佣金统计”按钮

图 7-30 查看“可提现金额”

7.2.2 直播带货，讲解添加商品

直播是目前互联网非常火爆的活动之一，各大平台基本上都推出了直播功能，西瓜视频也不例外。运营者可以通过直播与用户和粉丝更加方便地沟通，进一步维护和粉丝的关系，提高粉丝黏性，同时还能够面对面地向用户和粉丝推荐产品。

直播带货已经成为运营者变现的重要方式之一，运营者在直播时可以在直播购物袋中添加相关商品进行带货，具体方法如下。

步骤 01 打开西瓜视频 App，进入“我的”界面，点击“开直播”按钮，如图 7-31 所示。

步骤 02 进入直播界面，点击“带货”按钮，如图 7-32 所示。

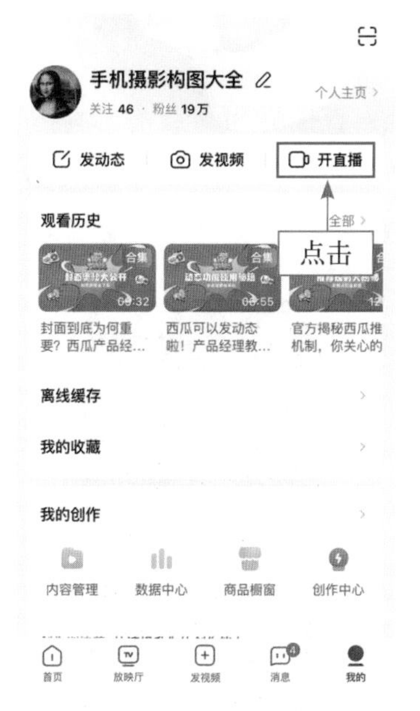

图 7-31 点击“开直播”按钮

图 7-32 点击“带货”按钮

步骤 03 进入“直播商品”界面，点击“添加”按钮，如图 7-33 所示。

步骤 04 在弹出的选项面板中点击“添加普通商品”按钮，如图 7-34 所示。

图 7-33 点击“添加”按钮

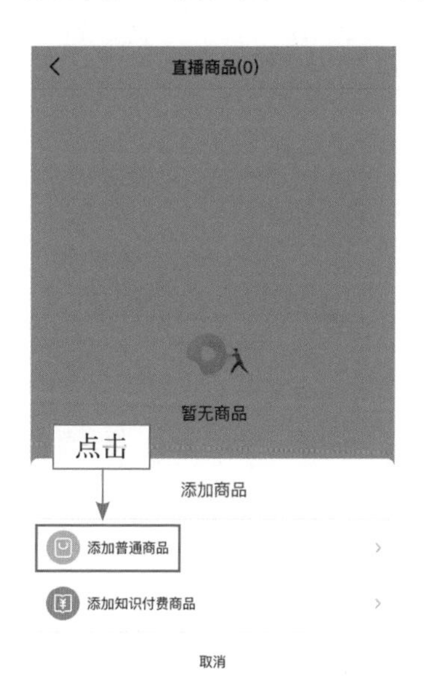

图 7-34 点击“添加普通商品”按钮

步骤05 进入“添加商品”界面，选择要添加的商品，点击“添加”按钮，如图7-35所示。

步骤06 即可将该商品添加至购物袋。进入直播界面，点击“购物袋”按钮，如图7-36所示。

图7-35 点击“添加”按钮

图7-36 点击“购物袋”按钮

步骤07 进入“直播商品”界面，点击“讲解”按钮，如图7-37所示。

步骤08 操作完成后，即可在直播时对该商品进行讲解，如图7-38所示。

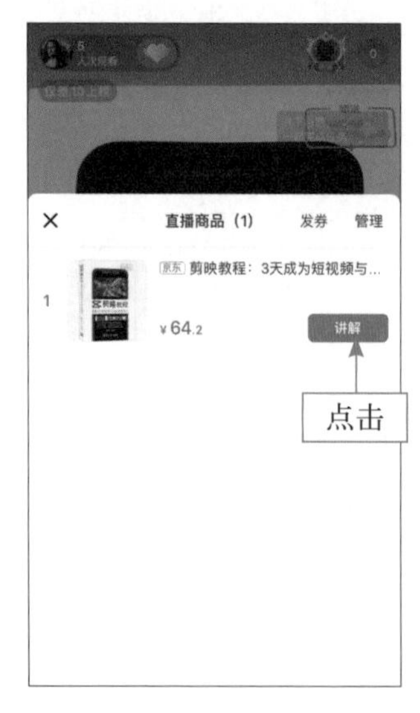

图7-37 点击“讲解”按钮

图7-38 讲解商品

7.2.3 视频带货，插入同款商品

当运营者在视频中介绍产品时，能不能直接将商品展示在用户面前，直接点击就能购买呢？其实这就是商品卡的功能之一。下面就以西瓜创作平台为例，为大家介绍如何在视频中添加商品带货。

步骤 01 进入西瓜创作平台“发布视频”界面，在“更多选项”面板中，单击“添加商品”按钮，如图 7-39 所示。

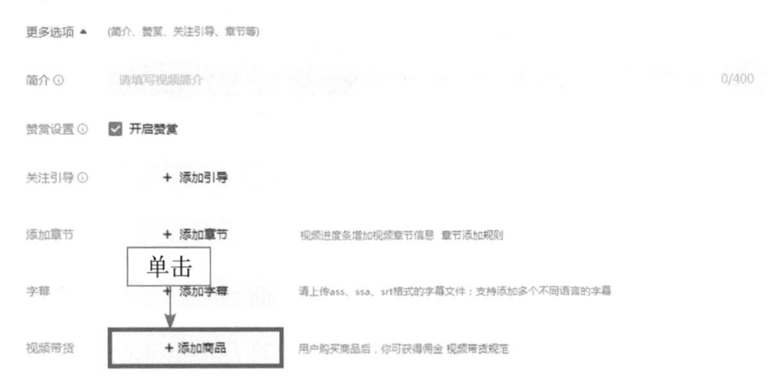

图 7-39 单击“添加商品”按钮

步骤 02 在“我的橱窗”选项中选中需要添加商品的复选框；单击“设置展示位置”按钮，如图 7-40 所示。

图 7-40 选中商品

步骤 03 进入“商品位置设置”界面，单击第一个商品；设置商品展示时间，如图 7-41 所示。

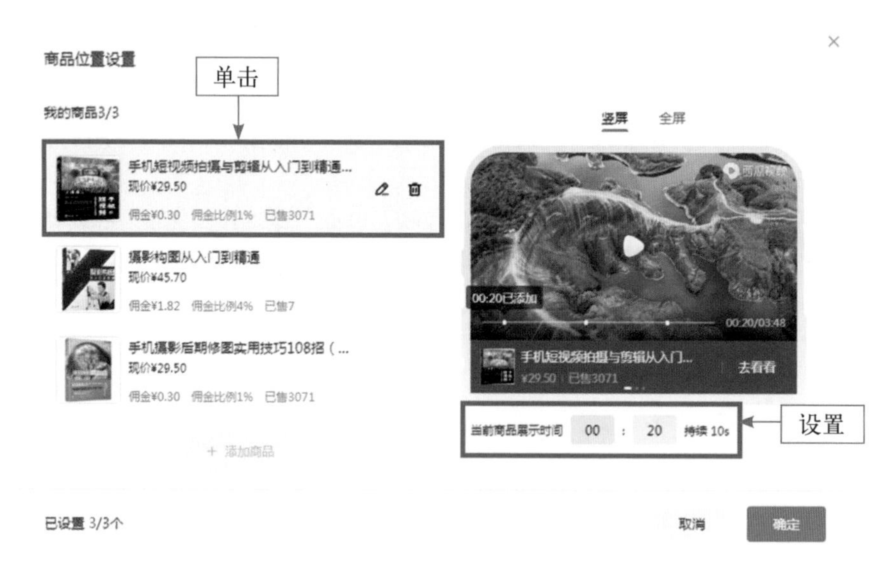

图 7-41 设置商品展示时间

步骤 04 使用同样的操作方法设置好剩余两个商品的展示时间后，单击“确定”按钮，如图 7-42 所示。

图 7-42 单击“确定”按钮

运营者通过视频带货时，选择的商品要符合平台规范要求。当运营者出现了违规行为时，平台将会根据具体情况，对运营者的账号进行暂时关闭视频带货功能、永久关闭视频带货功能和封禁运营者账号的处理，如图 7-43 所示。

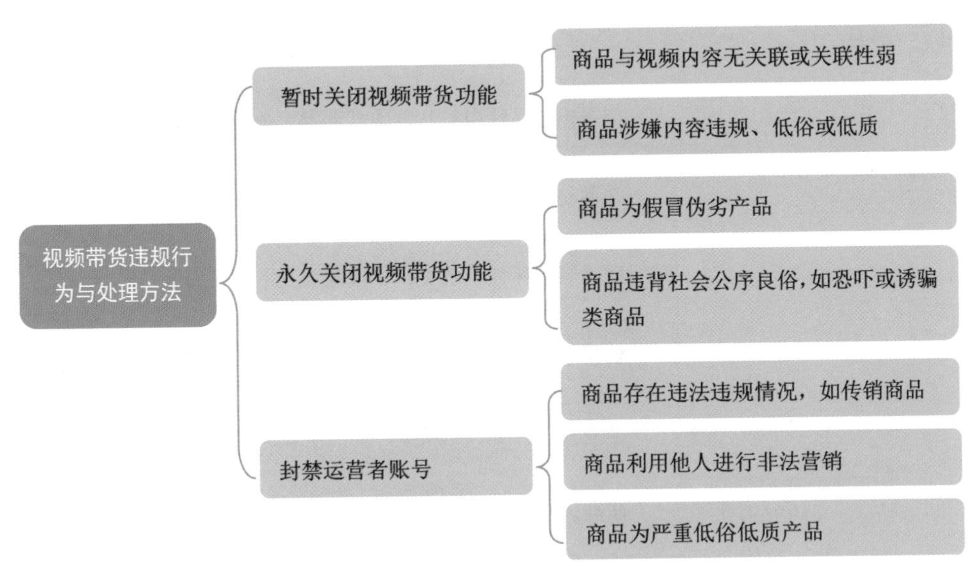

图 7-43 视频带货违规行为与处理方法

视频带货最重要的就是商品需要与视频内容相关联，否则将不会通过审核。例如运营者的视频内容是介绍食品，则可以在视频中插入同款食品，如图 7-44 所示。

图 7-44 商品与视频内容相关联

有些商品是平台禁止售卖的，如枪支、弹药和火药等。为此平台专门整理了一个禁止带货的商品目录，其涉及的商品种类有以下十几种，具体如

图 7-45 所示。

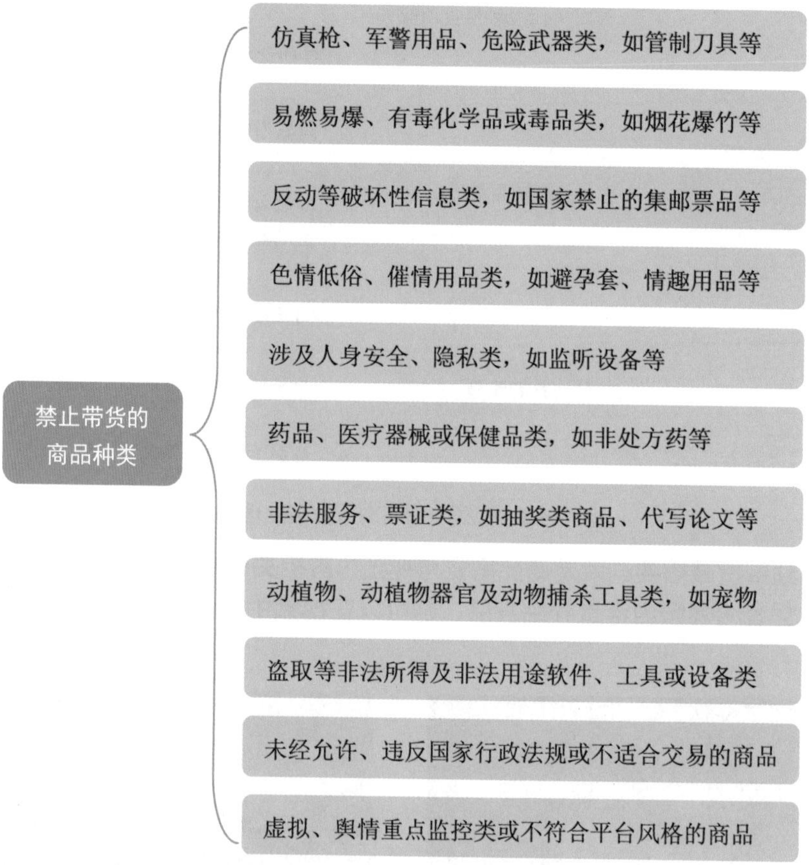

禁止带货的商品种类

- 仿真枪、军警用品、危险武器类，如管制刀具等
- 易燃易爆、有毒化学品或毒品类，如烟花爆竹等
- 反动等破坏性信息类，如国家禁止的集邮票品等
- 色情低俗、催情用品类，如避孕套、情趣用品等
- 涉及人身安全、隐私类，如监听设备等
- 药品、医疗器械或保健品类，如非处方药等
- 非法服务、票证类，如抽奖类商品、代写论文等
- 动植物、动植物器官及动物捕杀工具类，如宠物
- 盗取等非法所得及非法用途软件、工具或设备类
- 未经允许、违反国家行政法规或不适合交易的商品
- 虚拟、舆情重点监控类或不符合平台风格的商品

图 7-45 禁止带货的商品种类

第 8 章

开播技巧：新手主播快速做起来的绝招

直播是目前互联网非常火爆的产物之一，各大平台基本都推出了直播功能，西瓜视频也不例外。本章主要为大家介绍西瓜视频的直播准备，需要优化完善的直播设置，以及基本的直播玩法，帮助新手主播快速上手西瓜视频直播。

8.1 直播准备，4 个方面充分了解

对于刚进入直播带货行业的运营者来说，在直播前必须做好充足的准备。直播带货并没有想象中那么容易，这也是很多主播已经进入直播行业数年，粉丝却寥寥无几的原因。

要想真正做好直播带货，主播不仅要掌握基本的运营知识，还需要注意规避直播时常犯的一些错误。下面笔者就从 4 个方面向大家介绍直播前如何准备，帮助大家提高直播的水准，成为一名优质主播。

8.1.1 直播运营，主要工作环节

直播运营的工作环节主要分为 3 大板块，即内容运营、用户运营和数据运营，它们的具体内容如下。

1. 内容运营

直播的内容运营主要包括直播形式、直播时长和直播内容。常见的直播内容主要有 3 种，具体如下。

1) 介绍产品

这主要是针对电商类的直播，主播或商家会利用直播平台推广和销售产品，以提高产品的营销额。

2) 讲故事、段子

对于那些有才华或者口才的主播来说，讲故事或者段子是一种非常不错的选择，他们可以充分发挥自己的特长和优势吸引用户的注意，挖掘自己独特的魅力，让自己成为不可复制的存在。

3) 唱歌

以唱歌为直播内容的主播大多数拥有较高的颜值和甜美的声音。直播时，这些主播一般会以点歌的方式与用户互动，满足用户的个性化需求。

2. 用户运营

用户运营主要包括 3 个步骤，即引流拉新、用户留存和转化变现。

1) 引流拉新

对于主播来讲，粉丝的数量是衡量一个主播的人气、影响力和商业价值的重要指标之一。不同的互联网平台有不同的引流方式，对于刚开始做直播的新人来说，要尽可能地利用一切推广渠道为自己的直播间增加粉丝和流量，为以后的直播运营打好基础。

2) 用户留存

主播把其他平台的用户引流到直播间之后，接下来要做的就是留住这些用户，

将其转化为自己的粉丝。主播想要提高直播间的用户留存率，就要持续输出优质且有创意的直播内容，满足大部分用户的需求。

3) 转化变现

直播的目的是为了流量变现，当主播积累了一定量的粉丝之后，就要将这些粉丝进行转化变现。直播变现的方式有很多种，常见的方式就是用户给主播刷礼物，主播可以根据自己的实际情况选择适合自己的变现方式。

另外，主播也可以通过策划各种直播活动增加和用户的互动，这样能增强粉丝的黏性和忠诚度，有利于提高转化率。

3. 数据运营

任何运营工作都离不开统计和分析数据，随着互联网技术的不断发展，数据分析越来越精确，效率也越来越高。特别是大数据时代的到来，极大地促进了企业对市场和用户人群的分析能力。

对于直播行业，数据运营是十分必要的，通过对直播各种数据的分析，可以优化和完善直播的各个环节，有助于主播在直播行业的发展和进步。

专家提醒

当主播的直播事业达到一定高度时，就会形成相应的品牌效应，也就是现在最流行的 IP 概念。例如，一些顶级的网红主播，他们往往不需要一个人“单打独斗”，而是有专业的运营团队和完整的产业链帮其进行直播运营。

8.1.2 规避错误，保证直播效果

在直播间中，主播需要长时间和用户进行沟通，了解用户的购物需求，解决用户在屏幕上提出的问题。因此，主播很有可能无法掌控全局。

而且在直播过程中，很容易出现直播间气氛上不来、冷场的局面。为了避免这种情况的发生，主播需要对直播时出现的相关问题进行诊断优化，从而更好地稳固、提升直播间的人气。具体来说，主播在直播过程中，可以从以下 4 个方面规避直播过程中出现问题，保证直播效果。

1. 规避常见问题

主播在直播过程中，很可能会因为一些常见的问题导致直播间内的用户流失，下面笔者就对直播间的常见问题进行讲解，希望能给大家提供帮助。

1) 长时间不看镜头，离开镜头

眼神是一种情感表达和交流的方式，主播直播时通过屏幕和用户进行眼神交

流是很重要的，它可以让用户感受到主播的用心和真诚。以直播形式和用户进行沟通本来就有局限性，尤其是个人主播，在直播过程中全程都是一个人操作，很容易出现离开镜头的情况。

2) 直播时间不固定，随意下播

在固定的时间段直播，可以养成用户们定时观看直播的习惯。主播的直播时间不固定或者在直播过程中随意下播，用户在以往的时间点却没有看到该主播的直播间开播，就会点进其他人的直播间。

3) 直播顶峰期断播、停播

主播在自己的直播顶峰期出现断播、停播等情况，可以说是一种毁灭性的打击。即使是直播行业的顶级主播，他们也时刻保持着高频率的直播次数。因为主播在直播顶峰期出现断播、停播，相当于离开了唯一的曝光平台，只会逐渐地被粉丝遗忘，之后再重新开播，影响力也会大不如前。

2. 直播张弛有度

因为一场直播的时间通常比较长，主播很难让直播间一直处于热闹的气氛之中，如果直播一直冷场，则会留不住用户。所以，在直播的过程中，主播要把握好直播的节奏，让直播张弛有度，只有这样才能增加用户的停留时间，让更多的用户购买产品。

一个优秀的主播，一定会给大家放松的时刻，让直播间张弛有度。那么，如何在带货直播中营造轻松时刻呢？例如，主播可以在讲解产品的间隙，通过给用户唱歌或发起话题讨论等，与用户互动，为用户营造出一种宾至如归的感觉。

除此之外，当直播进入尾声时，为了维持直播间人气，主播还可以利用抽奖或领福利的活动让用户重新活跃起来。

3. 提前测试产品

主播在直播过程中向用户推荐某款产品时，一般会展示产品的使用效果，如果主播不了解产品，导致产品的使用效果没有被展示出来，就有可能影响产品的销量。所以，主播或直播团队要做好万全准备，提前测试产品。

在直播前，主播一定要对产品有所了解，特别是功能型的产品。对于这类产品，主播要提前对产品进行测试，保证直播时能向用户呈现更好的使用效果，否则就有可能出现“翻车”。

对于主播来说，没有提前了解产品的使用方法就向用户展示产品，是一种不专业的体现。针对这个问题，主播或运营团队可以在选品时，用心确保所选产品的质量。主播要在直播之前提前测试产品并掌握正确的操作方法，以便更好地向用户展示使用效果。

4. 学会适当借力

主播在进行直播带货时，一边要不断地向观众推荐产品，一边还要活跃直播间的气氛，此外还要有针对性地回答直播间用户提出的各种问题，工作量非常大。

所以，为了更好地提高直播质量，可以适当地借助工作人员的帮助。例如，主播可以和助理一起直播，适当地减轻工作负担，还可以在直播过程中与助理互动，讨论一些消费者感兴趣的话题，营造轻松活跃的直播间氛围。此外，如果主播暂时没有与用户互动，为了让直播间的人气活跃起来，工作人员还可以在镜头前和用户进行沟通，让用户感觉到自己被重视。

8.1.3 直播方式，掌握直播方法

主播在西瓜视频平台直播主要有两种方式，即手机直播和电脑直播。其中手机直播又包括西瓜视频 App 直播和今日头条 App 直播。在具体讲解直播方式之前，先为主播介绍在直播之前要做的一些准备，首先是设备的调试，一般直播设备的调试工作有以下几个方面，如图 8-1 所示。

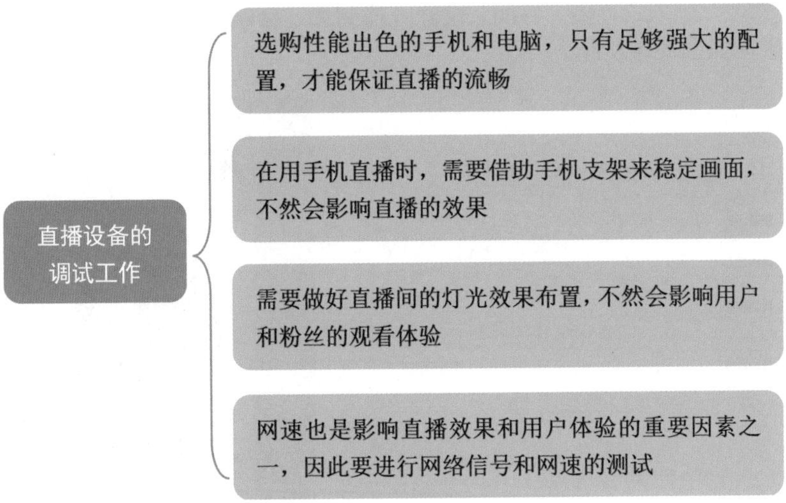

直播设备的调试工作

- 选购性能出色的手机和电脑，只有足够强大的配置，才能保证直播的流畅
- 在用手机直播时，需要借助手机支架来稳定画面，不然会影响直播的效果
- 需要做好直播间的灯光效果布置，不然会影响用户和粉丝的观看体验
- 网速也是影响直播效果和用户体验的重要因素之一，因此要进行网络信号和网速的测试

图 8-1 直播设备的调试工作

其次是直播信息的填写，其内容包括以下 3 个方面。

(1) 直播标题的填写，字数应控制在 5 ~ 30 个字之间，在能够吸引用户的同时，不做标题党。

(2) 在选择直播领域的分类时，要和直播的主题相符合，这样才能获得平台的推荐。

(3) 对于直播封面图片的选择，尺寸和大小要符合平台要求，尽量使用实拍

图或本人的生活照。

了解了直播之前需要做的准备工作后，下面就为大家介绍这几种方式的具体开播方法。

1. 手机直播

直播是平台方便主播涨粉和变现的工具，主播可以通过直播与粉丝进行深度互动，赚取直播打赏，以优质内容获得更多关注和收益。在如今的互联网时代，使用智能手机比电脑更方便，因此很多主播都选择使用手机进行直播。下面就为大家介绍手机直播的两种方式。

1) 西瓜视频 App 直播

西瓜视频平台的直播分类多种多样，包含音乐类、游戏类、美食类和旅游类等。主播可以根据喜好和特长选择直播类型。下面为大家介绍使用西瓜视频 App 进行直播的具体操作步骤。

步骤 01 打开西瓜视频 App，进入“我的”界面，点击“开直播”按钮，如图 8-2 所示。

步骤 02 进入“直播”界面，设置直播封面、标题和分类；点击“开始视频直播”按钮，如图 8-3 所示。

图 8-2 点击“开直播”按钮

图 8-3 点击相应按钮

主播如果每周都会进行有规律的直播，那么就可以设置直播预告。直播预告的内容需要包括以下几点。

- 明确直播的主题，准确地表达直播的内容，让用户一目了然。
- 直播预告的时间要详细，最好具体到分钟。
- 需要告诉用户观看直播会有什么收获，比如福利优惠等。
- 直播预告的内容要抓住用户痛点，如为用户提供解决问题的办法，这样才能吸引用户观看。

使用西瓜视频 App 设置直播预告的具体操作方法如下。

步骤 01 进入“直播”界面，点击“设置”按钮，如图 8-4 所示。

步骤 02 在弹出的“设置”面板中，点击“预告直播时间”选项中的“添加”按钮，如图 8-5 所示。

步骤 03 进入“预告直播时间”界面，设置直播的具体时间；设置每周直播的具体工作日；点击“保存”按钮，如图 8-6 所示。

图 8-4 点击“设置”按钮

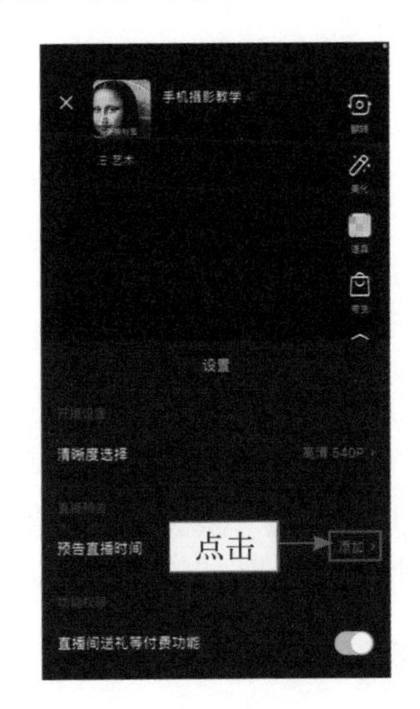

图 8-5 点击“添加”按钮

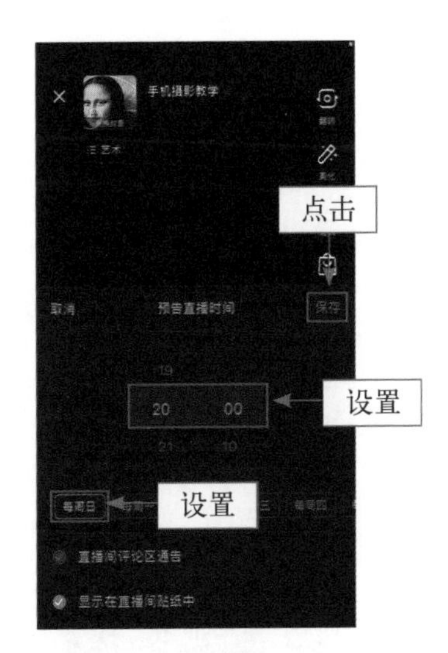

图 8-6 点击相应按钮

专家提醒

执行操作后，即可成功地设置直播预告，用户看到主播发布的直播预告后，可以预约直播，就会在开播前收到直播提醒按时观看。同时，主播也可以将直播预告分享到其他平台，如微信、QQ 和微博等，这样有利于增加观看直播的人数。

2) 今日头条 App 直播

今日头条 App 和西瓜视频 App 之间的数据是互通的，主播在今日头条 App 上进行直播，用户在西瓜视频 App 上也能进行观看。下面就为大家简单介绍一下在今日头条 App 上如何进行直播。

步骤 01 打开今日头条 App，点击界面右上方“发布”按钮，如图 8-7 所示。

步骤 02 在弹出的“发布”界面中，点击“直播”按钮，如图 8-8 所示，即可开启直播。

图 8-7 点击“发布”按钮

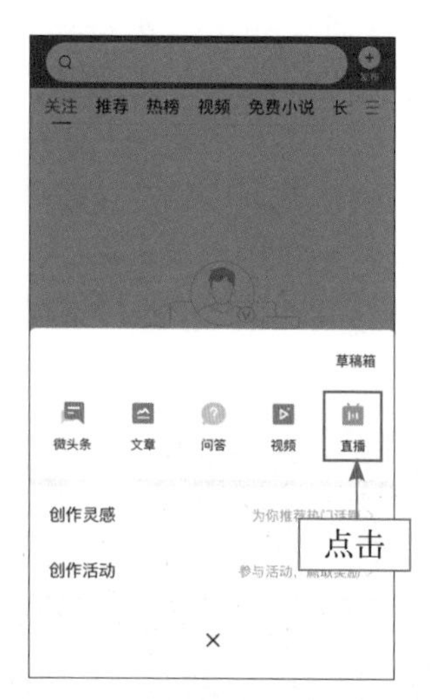

图 8-8 点击“直播”按钮

今日头条 App 除了可以使用西瓜视频 App 同样的操作方法进行直播预告外，还能够通过发布“微头条”进行直播预告，具体的操作方法如下。

步骤 01 在“发布”界面中点击“微头条”按钮，如图 8-9 所示。

步骤 02 点击“添加”按钮⊕，如图 8-10 所示。

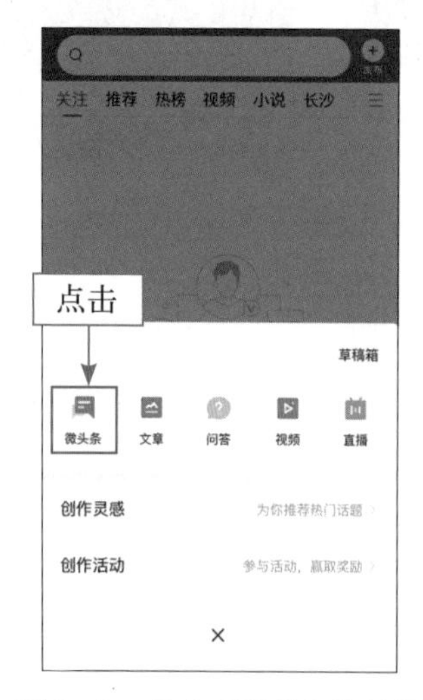

图 8-9 点击“微头条”按钮

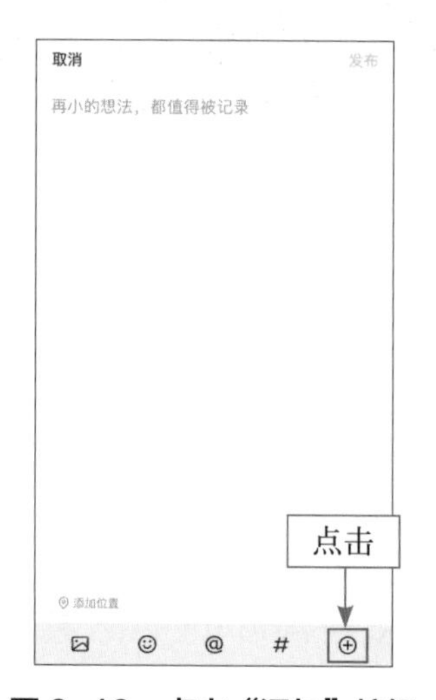

图 8-10 点击“添加”按钮

步骤 03 在弹出的选项面板中点击“直播预告”按钮，如图 8-11 所示。

步骤 04 进入“直播预告”界面，设置直播预告信息；点击“完成”按钮，如图 8-12 所示。

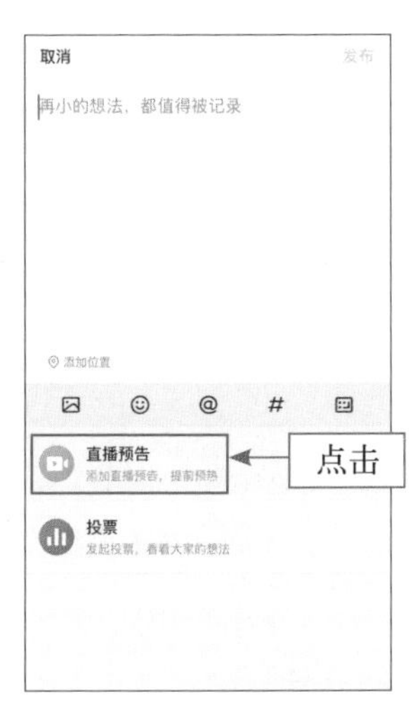

图 8-11 点击“直播预告”按钮

图 8-12 点击“完成”按钮

步骤 05 输入预告宣传文字；点击“发布”按钮，如图 8-13 所示。

步骤 06 操作完成后，即可完成直播预告操作。图 8-14 所示为个人主页直播预告展示效果。

图 8-13 点击“发布”按钮

图 8-14 直播预告展示效果

2. 电脑直播

主播使用 Windows 系统电脑直播时，需要下载并安装直播助手，即直播伴侣，如图 8-15 所示。苹果电脑则需要下载 OBS(Open Broadcaster Software，开源直播软件）推流直播软件，如图 8-16 所示。

图 8-15　西瓜视频直播助手

图 8-16　OBS 推流直播软件

直播伴侣的直播模式有横屏和竖屏两种，用户大多使用手机观看直播，为了方便用户拥有更好的观看感，建议主播选择竖屏模式直播。

8.1.4　审核推荐，成为优秀主播

直播和发布视频内容一样，都拥有审核流程和推荐机制。主播需要遵守平台的规范要求，才能更好地获得平台推荐。下面就为各位主播详细介绍直播审核和直播推荐的具体内容。

1. 直播审核

平台直播的审核规范一共分为 3 个等级，不同的违规行为对应不同的等级与惩罚措施，如图 8-17 所示。

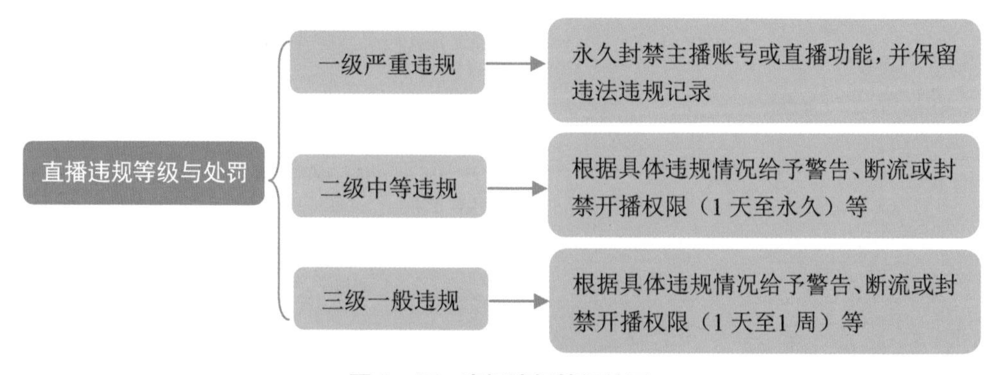

图 8-17　直播违规等级处罚

下面就为大家介绍这 3 个不同违规等级的具体内容。

1) 一级严重违规

- 违反国家宪法、危害国家安全、破坏国家统一、涉及军事机密或穿着国家公职人员制服进行直播。
- 危害国家利益或调侃革命烈士及历史。
- 破坏民族团结及国家宗教政策，宣传封建迷信或邪教。
- 传播谣言，散布低俗、暴力或恐怖信息，扰乱社会治安。
- 侮辱或诽谤他人，损害他人合法权益。
- 未满 18 周岁、冒充官方账号或顶替冒认他人实名认证进行直播。

2) 二级中等违规

- 直播内容具有低俗、暗示或引导行为。
- 直播内容带有恐怖、惊悚或影响社会和谐的内容。
- 直播过程中进行公开募捐或非法集资活动。
- 展示赌博、千术、伪科学或关于医疗的相关内容。

3) 三级一般违规

- 主播穿着暴露低俗、语言不雅或暴露他人隐私。
- 直播中存在抽烟、喝酒或正在驾驶等危害生命健康等行为。
- 直播蹦极、胸口碎大石等危险活动。
- 直播间的图文、背景等信息含有违规内容。
- 投资类直播，引导用户进行投资。
- 违规发布广告、展示联系方式等引导用户私下交易。

2. 直播推荐

直播推荐的规律主要有 3 点。

(1) 播放量高、评论量高的优质直播更容易被推荐。

(2) 平台会为用户推荐与视频类型相似的直播内容，并且会推送其他具有相似喜好的用户观看的直播内容。

(3) 经常观看直播的用户更容易收到直播内容的推送。

图 8-18 所示为直播推荐规律的举例说明。

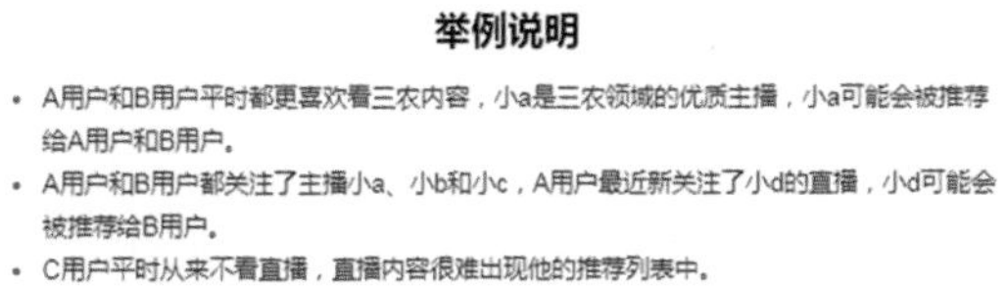

举例说明

- A用户和B用户平时都更喜欢看三农内容，小a是三农领域的优质主播，小a可能会被推荐给A用户和B用户。
- A用户和B用户都关注了主播小a、小b和小c，A用户最近新关注了小d的直播，小d可能会被推荐给B用户。
- C用户平时从来不看直播，直播内容很难出现他的推荐列表中。

图 8-18　举例说明直播推荐规律

8.2 直播设置，3 个要点优化完善

主播想要打造爆款直播间，首先要了解直播间的各项功能设置，本节就为大家介绍一些直播基础功能的操作方法，帮助主播们更好地进行直播。

8.2.1 优化信息，吸引用户注意

爆款直播间一定要拥有吸睛的标题和封面，主播可以对直播间的封面和标题进行优化，以提升直播间的点击率和曝光率。直播的封面就相当于产品的营销宣传海报，是吸引用户注意力的手段之一。

直播的封面图片务必要足够吸引人用户的关注，让用户产生想要观看和了解直播的欲望。那么，主播该如何来设计出色的直播封面图片呢？关于直播封面图的规范，笔者总结了以下 4 点。

(1) 封面图片中尽量不要出现任何文字。

(2) 不能有拼接和边框图，图片要完整。

(3) 可以是主播的肖像照片或卡通形象。

(4) 封面图风格必须和直播标题相符合。

除了直播封面的设计之外，直播标题的打造也非常重要，主播要想吸引更多的用户和流量，就必须撰写一个符合用户需求且能引起用户好奇心的标题。那么这样的直播标题该如何打造呢？笔者根据自身的经验总结了以下 4 个撰写直播标题的方法和技巧，如图 8-19 所示。

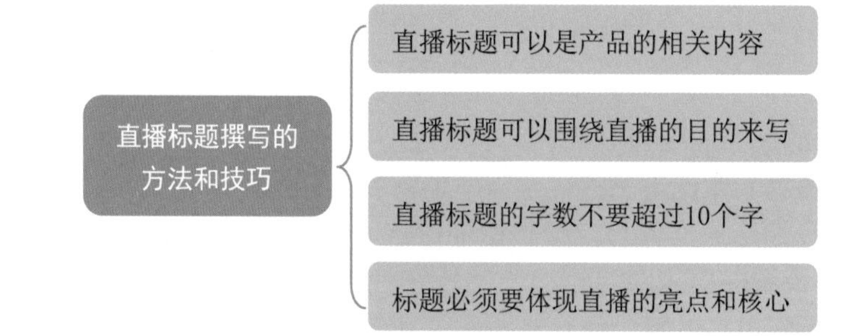

图 8-19 直播标题撰写的方法和技巧

8.2.2 用户管理，净化直播环境

主播在直播过程中，需要对用户进行管理，可以将忠实的大粉设为管理员辅助直播管理，也可以将扰乱直播的用户进行禁言或拉黑处理。下面以西瓜视频 App 为例，为大家介绍用户管理的操作方法。

步骤 01 进入“直播”界面，点击用户头像，如图 8-20 所示。

步骤 02 在弹出的信息面板中，点击“管理”按钮，如图 8-21 所示。

图 8-20　点击用户头像

图 8-21　点击“管理”按钮

步骤 03 在弹出的“管理用户”选项面板中，点击“拉黑”选项，如图 8-22 所示。这里仅以拉黑为例，主播可以根据需要选择其他的管理选项。

步骤 04 在弹出的“提示”面板中，点击“确认”按钮，如图 8-23 所示。

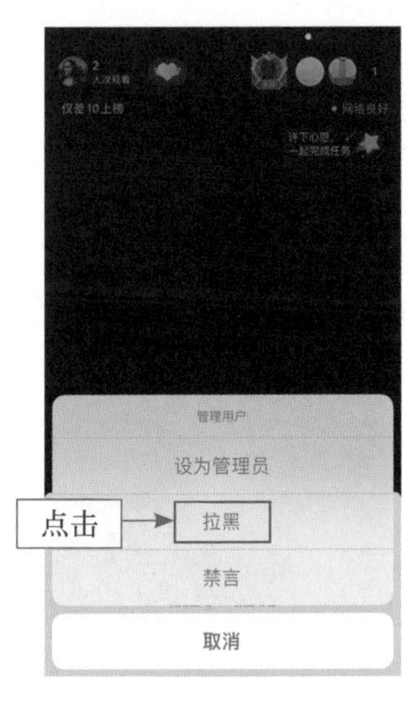

图 8-22　点击“拉黑”选项

图 8-23　点击“确认”按钮

操作完成后，即可完成拉黑用户操作，将该用户加入黑名单。主播如果想要将用户移出黑名单，具体操作步骤如下。

步骤 01 进入“直播”界面，点击“更多”按钮，如图 8-24 所示。

步骤 02 进入“更多”界面，点击“设置”按钮，如图 8-25 所示。

图 8-24　点击“更多”按钮

图 8-25　点击“设置”按钮

步骤 03 进入“设置”界面，点击“直播间管理”按钮，如图 8-26 所示。

步骤 04 在“拉黑”选项卡下点击“移出”按钮，如图 8-27 所示。

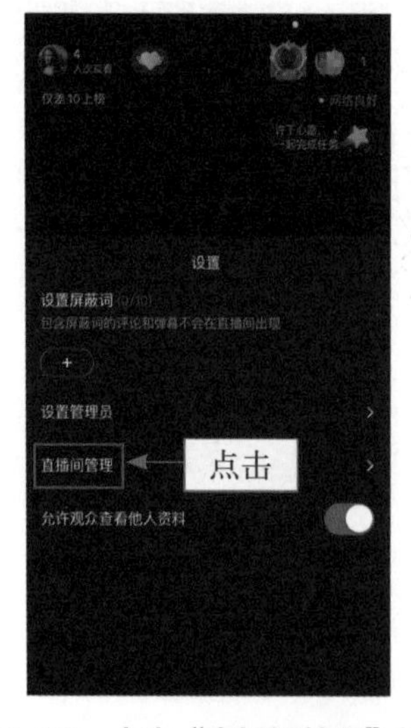

图 8-26　点击“直播间管理”按钮

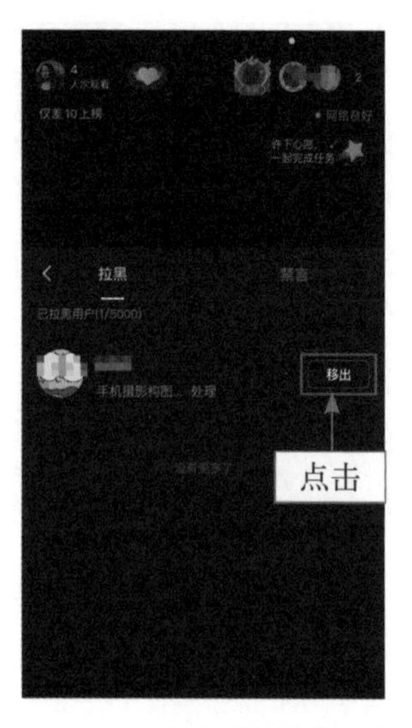

图 8-27　点击“移出”按钮

8.2.3 建粉丝团，增加粉丝黏性

粉丝团是主播粉丝的聚集地，如果想要加入主播的粉丝团，可以在直播间的主播头像右侧点击按钮（需要先关注主播），如图 8-28 所示；然后在底部弹出的弹窗中点击“加入 Ta 的粉丝团”按钮，支付一定数量的钻石（一种虚拟货币）即可，如图 8-29 所示。

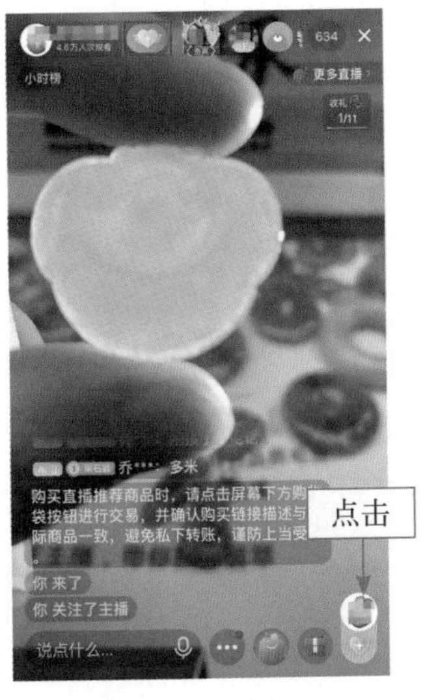

图 8-28 点击相应按钮

图 8-29 点击“加入 Ta 的粉丝团”按钮

专家提醒

粉丝团可以让主播了解到愿意付费的人数，直观地反映出粉丝对主播的认同感和忠诚度。

加入粉丝团的成员，比一般用户有更强的粉丝黏性，更乐于长期稳定地支持主播创作并具有一定付费潜力。图 8-30 所示为建粉丝团的好处。

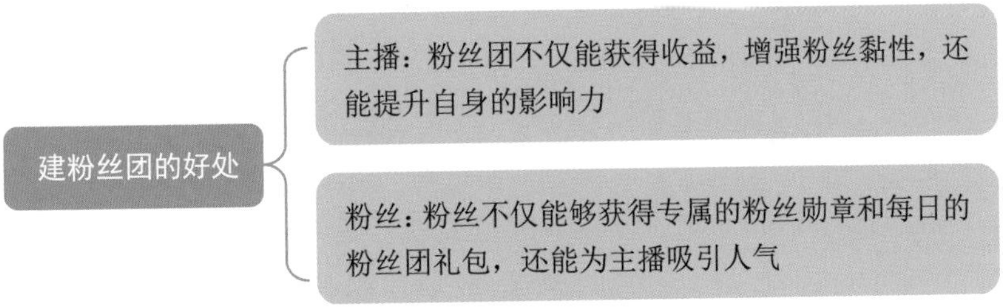

建粉丝团的好处

- 主播：粉丝团不仅能获得收益，增强粉丝黏性，还能提升自身的影响力
- 粉丝：粉丝不仅能够获得专属的粉丝勋章和每日的粉丝团礼包，还能为主播吸引人气

图 8-30 建粉丝团的好处

那么，主播该如何提升自己的粉丝团等级呢？粉丝可以通过增加亲密度来提升自己的等级，获取亲密度的具体方法如下。

(1) 观看直播每超过 5 分钟就能获取 5 点亲密度，在同一个粉丝团内，每天最多不超过 20 点亲密度。

(2) 每消费 1 钻石，就可以增加 1 点亲密度。

(3) 每评论一次能获得 2 点亲密度，在同一个粉丝团内，每天最多不超过 20 点亲密 度。

(4) 每消费 100 西瓜币（虚拟货币），就会增加 1 点亲密度，在同一个粉丝团内，每天最多不超过 50 点亲密度。

那么，主播该如何创建粉丝团呢？具体步骤如下。

步骤 01 进入个人主页，找到“创建自己的专属粉丝团”选项，点击“立即创建”按钮，如图 8-31 所示。

步骤 02 在弹出的“设置粉丝团名称”面板中输入粉丝团名称；点击“提交审核”按钮，如图 8-32 所示。

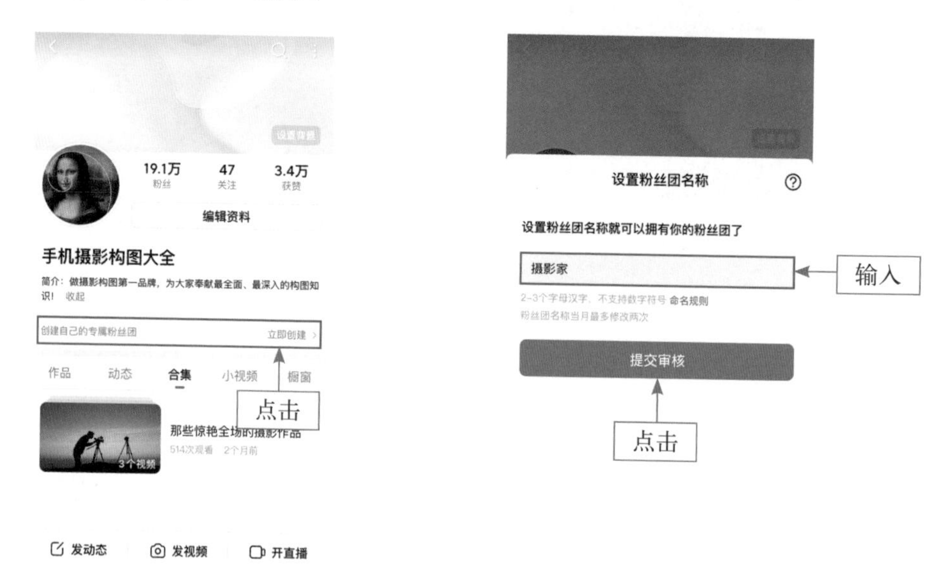

图 8-31 点击“立即创建”按钮

图 8-32 点击相应按钮

专家提醒

需要注意的是，主播 1 个月可以修改两次粉丝团名称，而且名称最好为 2 ~ 3 个字母或汉字，不能含有数字和符号。

8.3 直播玩法，4个功能轻松掌握

直播是拉近主播和用户、粉丝距离的得力助手，主播通过直播互动能够打造热闹的氛围，加强与用户、粉丝之间的沟通，从而激发用户和粉丝对产品的购买欲。直播到底有哪些互动玩法呢？这一节就为大家详细介绍。

8.3.1 抽奖互动，活跃直播气氛

抽奖互动可以激发用户和粉丝参与的积极性，调动直播间互动的气氛，从而达到吸粉和提升人气的目的。直播的抽奖物品只能为虚拟货币钻石，且钻石的数量至少为中奖人数的10倍。那么抽奖功能该如何使用呢？具体步骤如下。

步骤01 进入“直播”界面，点击“玩”按钮玩，如图8-33所示。

步骤02 在弹出的“互动玩法”面板中，点击“福袋”按钮，如图8-34所示。

步骤03 在弹出的“钻石奖励”面板中，设置奖励信息；点击“发起福袋”按钮，如图8-35所示。

图8-33 点击“玩”按钮

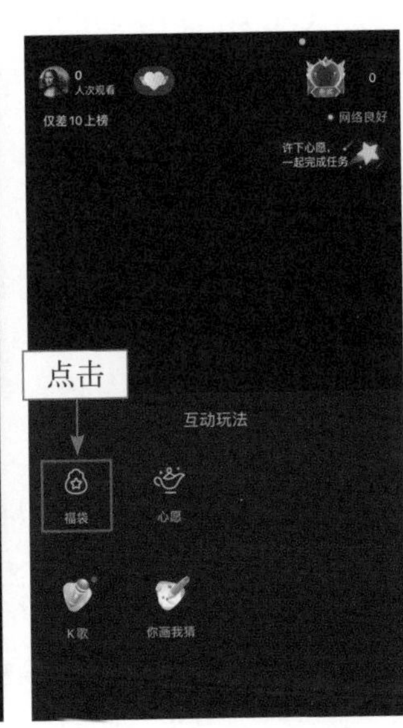

图8-34 点击“福袋”按钮

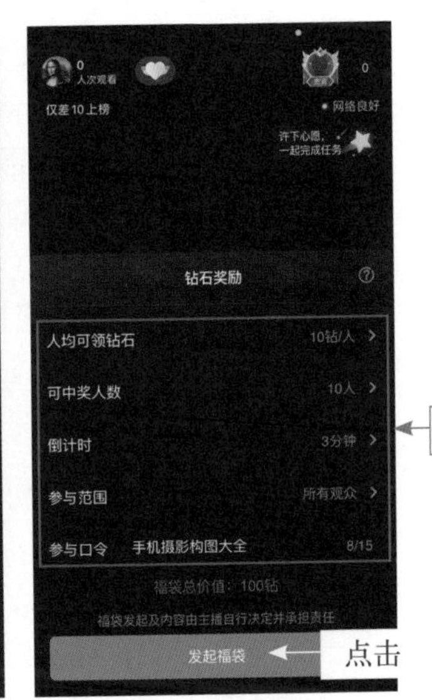

图8-35 点击相应按钮

专家提醒

大多数用户购买产品时，都有追求优惠的心理，所以主播在进行直播带货时，可以通过多种方法给予用户优惠，抽奖便是福利营销的重要手段之一。

不同主播直播间的抽奖方式不同，对用户所起到的作用也不同，主播要如何利用抽奖来有效地吸引用户呢？具体来说，主播可以掌握以下 3 种抽奖方法。

1. 定期抽奖

用户在直播间内停留的时间越长，消费的可能性就越大，所以主播在直播过程中要想办法让用户留下来。面对这种情况，主播可以利用定期抽奖来让用户对直播有所期待，吸引用户停留在直播间内。不过，抽奖活动并不是主播单纯地将奖品送给用户，还要保证抽奖活动有足够的吸引力。具体来说，主播在做抽奖活动时，需要注意以下 3 个方面。

1) 让更多用户了解定期抽奖活动

主播在开播前，需要让更多用户了解抽奖活动，并让用户提前了解抽奖活动的规则。所以主播可以提前在动态、微头条或其他社交平台上发布有关抽奖活动的信息，从而让更多用户对抽奖活动抱有期待。

2) 多用不确定因素作为中奖条件

对于主播来说，如果抽奖活动能够引起用户的好奇心，那么这个抽奖活动就成功了一半。所以，主播除了在直播间内表明抽奖活动的规则和具体时间以外，还可以多用一些不确定因素作为抽奖条件。

3) 抽奖前要注意活跃直播氛围

主播在直播过程中，应该随时把握住直播的节奏。在抽奖前，主播要先把直播间内的氛围活跃起来，这样可以让更多用户参与到抽奖活动中。

除此之外，主播在设置抽奖活动时，不一定要设置价值很高的产品作为赠品，而是可以增加抽奖的次数，这样也能起到刺激用户下单的作用。

2. 自用奖品

对于已经有一定粉丝规模的主播来说，在向用户推销产品时，可以将自用的产品作为奖品赠送给粉丝，这样不仅可以有效地激发出粉丝的购买热情，还可以增强粉丝黏性。

一般来说，主播自用过的产品会给用户一种质量有保障的感觉，这也是大多数主播在推销产品时，会先试用产品的原因。因此，主播在直播过程中，以自用的产品为奖品吸引粉丝参与抽奖也是一个不错的方法。

3. 互动免单

主播设置互动问答，让用户有抽免单的机会，在一定程度上满足了用户的娱乐需求，也满足了用户的优惠需求。不仅如此，主播通过互动问答抽免单的抽奖方式，还可以带来以下 3 个好处。

1) 加深用户对产品的印象

一般来说，许多主播介绍产品的方法大同小异，如果主播的直播方式给用户留下的印象不够深刻，或者主播直播的内容没有抓住用户的注意力，那么用户就很难对其所销售的产品产生深刻印象。而通过互动问答的抽奖方式，主播可以吸引用户参与到自己的直播中，从而加深用户对产品的印象。

2) 增强与用户间的互动

互动问答形式的抽奖活动能够增强主播与用户之间的互动，拉近了主播与用户之间的距离，也让用户在答题抽奖的过程中，感受到观看直播的乐趣。

3) 达到销售产品的目的

互动问答环节是主播输出产品卖点的好时机，一般来说，大多数用户在互动问答抽奖环节的警惕性较低，此时主播说服用户下单的机会更大。

8.3.2 直播 PK，促进粉丝打赏

直播 PK 是两个或多个主播之间进行互动，用户和粉丝需要送出付费礼物才能帮助喜欢的主播赢得 PK，PK 结束后会有惩罚环节。直播 PK 互动玩法主要有 3 种模式，如图 8-36 所示。

图 8-36 直播 PK 互动玩法

PK 功能可以有效地促进粉丝给主播进行打赏，也具有粉丝导流的作用。新人主播在刚开始直播时，可以多多关注其他主播，认识并与他们结交为好友，然后邀请他们连线，借此慢慢地积累自己的直播经验。

8.3.3 直播贴纸，巧妙传达信息

贴纸功能可以帮助主播巧妙地向用户传达信息，从而引导用户的行为，比如“求关注”贴纸等。用户看到贴纸上的信息后，就有可能按照主播的请求做。那么，如何在直播间设置贴纸呢？具体的操作方法如下。

步骤 01 进入“直播”界面，点击“装饰美化”按钮，如图 8-37 所示。

步骤 02 在弹出的“装饰美化”面板中，点击“贴纸”按钮，如图 8-38 所示。

图 8-37　点击相应按钮

图 8-38　点击“贴纸”按钮

步骤 03　选择合适的贴纸，如图 8-39 所示。

步骤 04　移动贴纸至合适的位置，如图 8-40 所示。

图 8-39　选择贴纸

图 8-40　移动贴纸

主播在进行直播带货时，贴纸的作用更加显著，它能对商品、活动等重要的直播信息进行补充，如“限时秒杀”等。

专家提醒

文字贴纸可以支持主播自定义文字内容，但需要注意的是，每次直播的文字贴纸只能修改1次。因此，主播要提前确定好贴纸的内容。

8.3.4 直播帮助，联系工作人员

当主播的直播运营发展到一定程度时，西瓜视频平台的官方工作人员就会主动联系主播，并在某个领域提供帮助。他们会通过私信、短信和电话等方式和主播取得联系。但是，主播需要注意的是，在收到这类消息之后，要先辨别消息的真伪，确定对方的身份，不要轻易相信对方，以免上当受骗。

主播在遇到不同的问题时，需要咨询不同业务的工作人员。下面笔者总结了不同类型的问题对应的咨询对象，如图 8-41 所示。

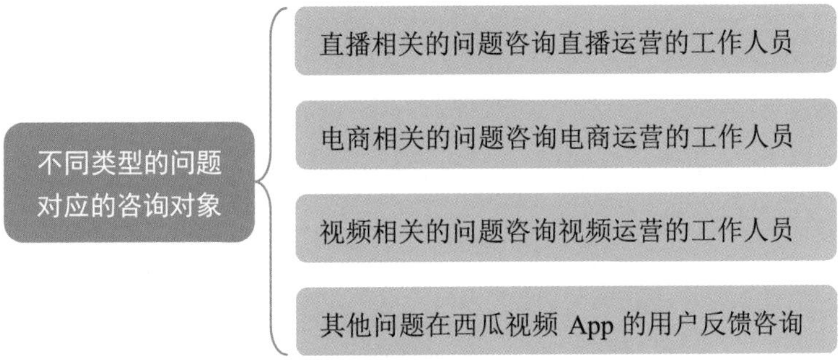

不同类型的问题对应的咨询对象
- 直播相关的问题咨询直播运营的工作人员
- 电商相关的问题咨询电商运营的工作人员
- 视频相关的问题咨询视频运营的工作人员
- 其他问题在西瓜视频 App 的用户反馈咨询

图 8-41 不同类型的问题对应的咨询对象

主播在和官方工作人员进行沟通、反馈问题时，要注意以下两个方面，从而实现高效沟通，更好地解决自己所遇到的问题，具体内容如下。

(1) 尽量用文字进行沟通，并且语言表达清楚。

(2) 遇到平台系统出现的技术问题，要详细地描述问题并提供相应的截图，还要提供相关的信息，比如 App 版本和手机型号等。

第 9 章

直播技巧：助你快速提高人气高效带货

主播在直播过程中，想要提高直播间的人气和下单量，最重要的就是和粉丝进行互动和沟通，用自己的话术吸引粉丝目光获取流量，从而卖出更多的商品，提高自己的带货效果。本章主要介绍如何提高主播人气和高效带货的直播技巧，帮助主播增加粉丝下单的积极性。

9.1 直播脚本，4 个流程完美策划

一场成功的直播，不仅要有好的选品、渠道和主播，而且要有好的脚本策划，直播与拍视频一样，都需要策划好脚本。表 9-1 所示为一个简洁明了的直播脚本范本。

表 9-1 简洁明了的直播脚本范本

×× 店铺 × 月 × 日直播脚本				
直播时间	× 年 × 月 × 日 晚上 × 点～ × 点			
直播主题				
直播准备	（场地、设备、赠品、道具以及产品等）			
时间点	总流程	主播	产品	备注
× 点 × 分	开场预热	和用户打招呼并进行互动，引导关注	/	/
× 点 × 分	讲解 1 号产品	讲解产品：时间 10 分钟 催单：时间 5 分钟	×× 产品	/
× 点 × 分	互动游戏或连麦等	互动：主播与助播互动，发动用户参与游戏 连麦：与 ×× 直播间 ×× 主播连麦	/	拿出准备好的道具
× 点 × 分	秒杀环节	推出甩卖等直播产品	×× 产品	/
× 点 × 分	优惠环节	和用户打招呼，同时与其进行互动，用优惠价格提醒用户下单，并再次引导关注	×× 产品	/

直播脚本包括开场、产品介绍、互动、秒杀以及优惠等多个环节，主播只有保证各个环节的流程滴水不漏，才能有效地把控直播的节奏，让直播间更加吸引人。

9.1.1 直播开场，进行自我介绍

对于直播来说，策划脚本的根本目的在于带货。通过事先设计好的脚本和环节，整理出一个大致的直播流程，同时将每个环节的细节写出来，包括主播在什么时间点和谁一起做什么事情，以及说什么话等，不断地引导用户关注直播间和下单购买产品，实现增粉和成交的目的。

在直播开场阶段，用户心里通常想的是“这个直播间到底是卖什么产品的”，他们进入直播间后一开始都是抱着“随便瞧瞧”的想法。因此，主播在开始直播后，要立刻进入状态，向用户进行自我介绍，话语要有一定的亲密感，从而拉近彼此的距离。

接下来，主播需要表明本场直播的活动主题，可以先卖个关子，告诉用户本场直播有哪些亮点，主要目的在于吸引用户目光，让他们停留在直播间。图 9-1 所示为笔者整理的一些直播开场脚本示例。

脚本示例 1

- 第 1 分钟：快速进入状态，和最先进来的用户逐个打招呼
- 第 1～5 分钟：拉近镜头拍摄主播或产品的近景，再与用户互动（签到打卡或抽奖）的同时，透露本场直播的主打爆款，并强调每天的固定直播时间

脚本示例 2

- 第 1 分钟：说出本场直播的利益点，如每个产品都有抽奖活动、红包派送以及让利大折扣等，并通过留言抽奖活动发动用户互动刷屏
- 第 1～5 分钟：以讲故事的方式，将产品的品牌、厂家、口碑和销量等内容讲出来，引起用户的好奇心，为直播间聚集更多人气

图 9-1 直播开场脚本示例

专家提醒

主播在直播脚本中一定要确定好主题，让脚本的所有内容都围绕主题进行策划，从而保证整个直播流程都保持正确的方向。另外，确定好主题，还可以使主播的聊天和互动都更加精准，而不是随意地闲聊。例如，下面这两个直播间的主题分别为“中国经典益智游戏”和“偏远湖南农村生活”，如图 9-2 所示。

中国经典益智游戏

偏远湖南农村生活

图 9-2 直播间的主题示例

9.1.2 产品介绍，展示详细信息

在开播后的预热阶段，主播要简单介绍一下本场直播的产品清单，让用户了解直播间的主打爆款、优惠力度和活动玩法。同时，主播可以赠送一些直播优惠券，或进行抽奖预热活动。

在正式的产品介绍阶段，主播要挑选一个产品并根据其品类进行详细介绍，每个产品的介绍时间通常在 3 ~ 10 分钟之间。主播在介绍上一个产品时，也可以时不时地穿插介绍其他的产品，以及直播间的主打产品和活动力度，来吸引更多用户留在直播间。

主播在介绍某个产品时，应该全方位地展示产品的相关信息。以服装产品为例，主播需要介绍服装的搭配技巧和适用场合。图 9-3 所示为笔者整理的一些产品介绍环节的直播脚本示例。

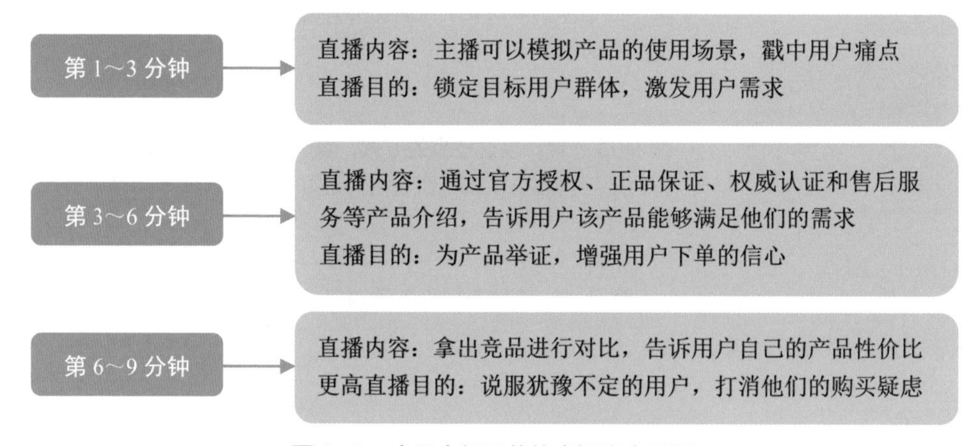

图 9-3 产品介绍环节的直播脚本示例

主播可以使用提问的方式，在介绍产品的功能效果时，同时引导已经购买的用户说出他们的产品使用体验。另外，主播也可以直播产品的使用场景，激发用户的购买需求，如图 9-4 所示。

图 9-4 配合产品的使用场景进行介绍

9.1.3 互动环节，炒热直播氛围

互动环节的主要目的在于活跃直播间的气氛，让直播间变得更有趣，避免出现冷场。在策划直播脚本时，主播可以多准备一些与用户进行连麦互动的话题，可以从以下几方面找话题，如图 9-5 所示。

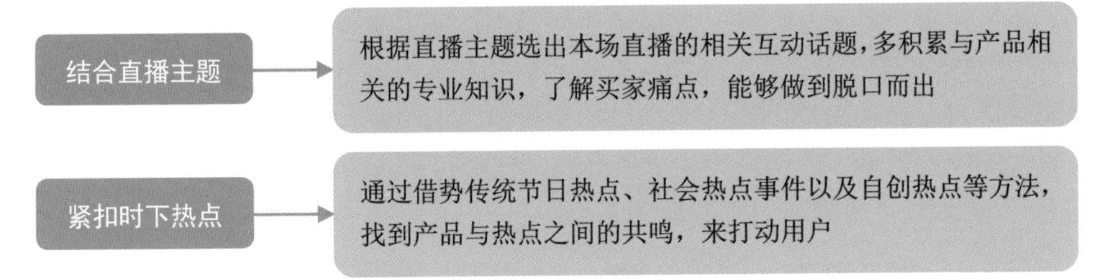

图 9-5 找互动话题的相关技巧

除了互动话题外，主播还可以策划一些互动活动，如红包和免费抽奖等，不仅能够提升用户参与的积极性，而且还可以实现裂变引流。图 9-6 所示为主播发放福袋吸引用户积极参与直播互动。

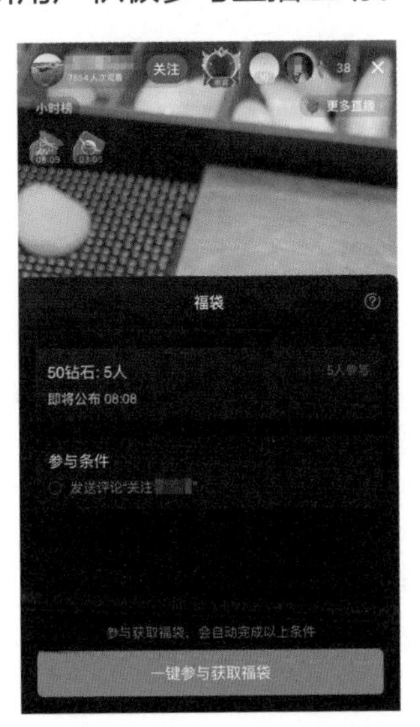

图 9-6 发放福袋与用户互动

9.1.4 优惠环节，展现直播特价

主播在发布直播间预告时，可以将大力度的优惠活动作为宣传噱头，吸引用户准时进入直播间。在直播的优惠环节中，主播可以推出一些限时限量的优惠产品，或者直播专属的特价等，吸引用户快速下单。在直播的优惠环节，主播需要

做好以下两件事。

(1) 体现促销力度。主播可以在优惠价格的基础上，再次强调直播间的促销力度，如前 xx 名下单的粉丝额外赠送 xx 礼品、随机免单以及满减折扣等。通过不断地对比产品的原价与优惠价格，同时反复强调直播活动的期限、倒计时时间和名额有限等字眼，营造出产品十分畅销的紧迫感氛围，让用户产生“机不可失，时不再来”的消费心理，促使犹豫的用户快速下单。

(2) 展现价格优势。通过前期一系列的互动和秒杀活动吸引了用户的关注后，此时主播可以宣布直播间的超大力度优惠价格，通过特价、赠品、礼包、折扣以及其他增值服务等，让用户产生“有优惠，赶紧买”的消费心理，引导用户下单。图 9-7 所示为展现优惠力度的直播间。

图 9-7　展示优惠力度

9.2　带货话术，3 个技巧增加销量

出色的主播都拥有强大的语言能力，有的主播会多种语言，让直播间多姿多彩；有的主播讲段子张口就来，让直播间妙趣横生。那么，主播应该如何提高语言能力、通过带货话术提高直播销量呢？本节就从 3 个方面出发，帮助各位主播掌握增加销量的带货话术。

9.2.1　语言能力，展示个人魅力

下面从 3 个角度为主播们讲解提高语言能力的方法，即语言表达能力、聊天语言能力以及销售语言能力。

1. 语言表达：提高直播节目的质量

语言表达能力在一定程度上能够体现一个人的情商，主播可以从以下几个方面来提高自己的语言表达能力。

1) 自身知识积累

主播可以在线下注重提高自身的修养，多阅读，增加知识的积累。大量阅读可以增加一个人的逻辑思维能力与语言组织能力，进而帮助主播更好地进行语言表达。

2) 结合肢体语言

单一的话语可能不足以很好地进行表达，主播可以借助动作和表情进行辅助表达，尤其是眼神的交流，另外，夸张的动作也可以使语言更显张力。

3) 进行有效倾听

懂得倾听是情商高的一种体现方式，西瓜视频上的带货主播要学会倾听用户的心声，了解他们的需求，从而更快地把产品卖出去。

在主播和用户交流沟通的互动过程中，虽然从表面上看来是主播占主导，但实际上是以用户为主。用户愿意看直播的原因就在于能与自己感兴趣的人进行互动，主播想要了解用户关心什么、想要讨论什么话题，就一定要认真倾听用户的提问和反馈。

4) 注意语句表达

在语句的表达上，主播需要注意话语的停顿，把握好节奏；其次，主播的语言表达应该连贯，听起来自然流畅。如果主播说话不够清晰，可能会在用户接收信息时造成误解。另外，主播可以在规范用语上发展个人特色，形成个性化与规范化的统一。

总体来说，主播的语言表达需要具有这些特点：规范性、分寸感、感染性和亲切感，这些特点的具体要求如图 9-8 所示。

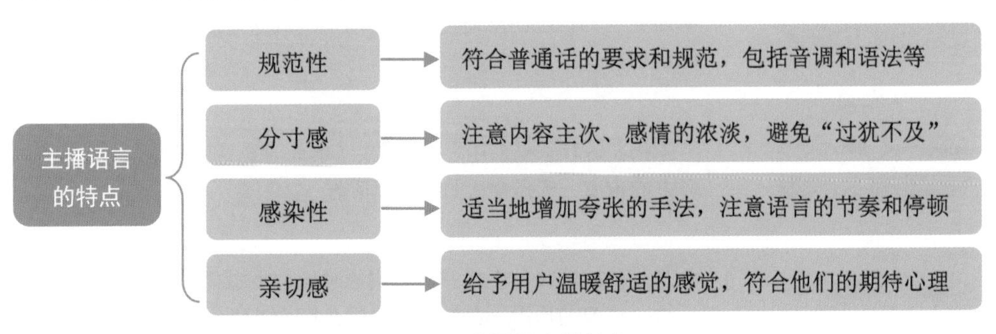

图 9-8 主播语言的特点

5) 注意把握时机

在直播带货过程中，选择正确的说话时机是非常重要的，这是主播语言能力高的一种体现。主播可以通过用户的评论内容，来思考他们的心理状态，从而在合适的时机发表合适的言论，这样用户才会乐于接受主播推荐的产品。

2. 聊天语言：让你的直播间嗨翻天

如果主播在直播间带货时不知道该如何聊天，遭遇冷场怎么办？为什么有的主播能一直聊得火热？这是因为主播没有掌握正确的聊天技能。下面为大家提供5点直播聊天的小技巧，为主播解决直播间“冷场”的烦恼。

1) 感恩心态：随时感谢用户

俗话说得好：“细节决定成败！”如果在直播过程中主播对细节不够重视，那么用户就会觉得主播有些敷衍。在这种情况下，直播间很可能会出现粉丝快速流失的情况。反之，如果主播对细节足够重视，用户就会觉得他是在用心直播。当用户在感受到主播的用心之后，就会更愿意关注主播和下单购物。

在直播过程中，主播应该随时感谢用户，尤其是进行打赏的用户，还有新进入直播间的用户。除了表示感谢之外，主播还要认真回复用户的评论，让用户看到你对他们是很重视的，这也是一种转化粉丝的有效手段。

2) 换位思考：多为他人着想

面对用户进行个人建议的表达时，首先主播可以站在用户的角度，进行换位思考，这样更容易了解反馈信息的用户的感受。

其次，主播可以通过学习和察言观色来提升自己的思想和阅历。察言观色的前提是需要心思足够细腻，主播可以细致地观察直播时以及线下互动时用户的态度，并且进行思考和总结，用心去感受用户的态度，并多为他人着想。“为他人着想”主要体现在以下几个方面，如图9-9所示。

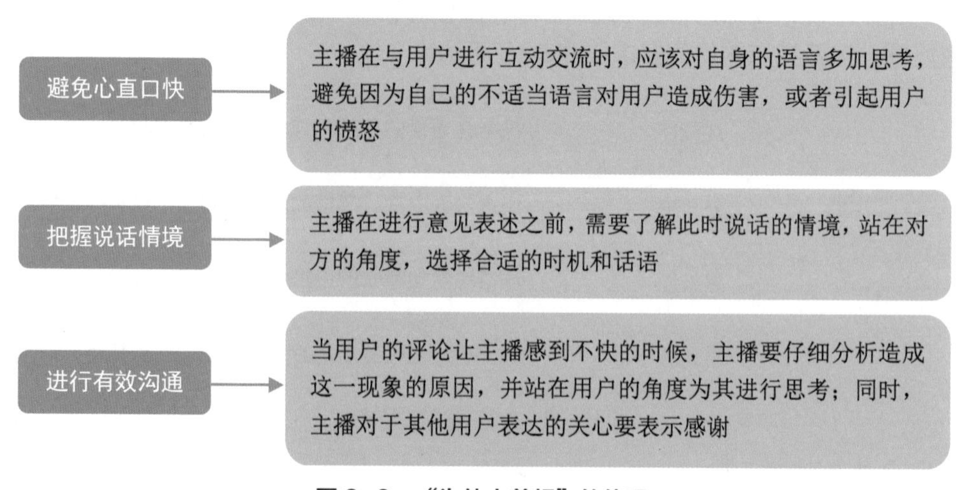

图9-9 “为他人着想”的体现

3) 低调直播：保持谦虚态度

主播在面对用户的夸奖或批评时，需要保持谦虚礼貌的态度，即使成为热门的主播也需要保持谦虚。谦虚耐心会让主播获得更多粉丝的喜爱，即使是热门主播，保持谦虚低调也能让主播的直播生涯更加顺畅，并获得更多的“路人缘”。

4) 把握尺度：懂得适可而止

在直播聊天的过程中，主播说话要注意把握好尺度，懂得适可而止。例如，主播在开玩笑的时候，注意不要过度，很多主播因为开玩笑过度而遭到封杀。因此，懂得适可而止在直播中也是非常重要的。

专家提醒

还有的主播为了能出名，故意蹭一些热度，或者发表一些负能量的话题，引起用户的热议，从而增加自身的热度。这种行为往往是玩火自焚，不仅会遭到大家的唾弃，而且还可能会被平台禁播。如果在直播中，主播不小心说错了话，惹得用户愤怒，此时主播应该及时向用户道歉。

5) 幽默风趣：提升直播氛围

口才幽默风趣的主播，更容易俘获用户的喜爱，而且还能体现出主播个人的内涵和修养。所以，一个专业的西瓜视频带货主播，也必然少不了幽默风趣。在生活中，很多幽默故事就是由生活的片段和情节改编而来的。因此，幽默的第一步就是收集搞笑的段子和故事等素材，然后合理运用，先模仿再创新。

- 首先，主播可以利用生活中收集到的一些幽默素材，将其牢记于心，做到脱口而出，这样能够快速地培养自己的幽默感。
- 其次，主播也可以通过观看他人的幽默段子和热门的“梗”，再到直播间进行模仿，或者利用故事讲述出来，让用户忍俊不禁。

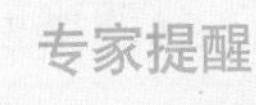

很多人都喜欢听故事，而主播在故事中穿插幽默的语言，则会让用户更加全神贯注，将身心都投入到主播的讲述之中。

3. 销售语言：提高主播的变现能力

在西瓜视频直播中，主播想要赢得流量、获取用户的关注，需要把握用户心理，并且在说话时投其所好。下面介绍 5 种提高主播销售语言能力的方法。

1) 提出问题：直击消费者的痛点、需求点

主播在介绍产品之前，可以先利用场景化的内容，表达自身的感受和烦恼，

与用户进行聊天，进而引出痛点问题，并且配合助播和场控一起保持话题的活跃度。

2) 放大问题：尽可放大用户忽略的细节

主播在提出问题之后，还可以将细节问题尽可能全面化放大。例如，买家在购买牛仔裤时，经常会遇到褶皱、起球或掉色等问题。主播便可以从用户评论中收集这些问题，然后通过直播将所有的细节问题一一进行描述，来突出自己的产品优势，如图 9-10 所示。

图 9-10 通过直播突出产品优势

3) 引入产品：用产品解决前面提出的问题

主播讲述完问题之后，就可以引入产品来解决问题。主播可以根据用户痛点需求的关注程度，来排列产品卖点的优先级，全方位地展示产品信息，吸引买家。

总之，主播只有深入了解自己的产品，对产品的生产流程、材质类型和功能用途等信息了如指掌，才能在直播中将产品的真正卖点说出来。

4) 提升高度：详细地讲解产品增加附加值

引出产品之后，主播还可以从以下几个角度对产品进行讲解，如图 9-11 所示。

5) 降低门槛：击破消费者购买的心理防线

最后一个方法是降低门槛。讲完优势以及提高产品价值后，主播应该提供给用户本次购买的福利，降低购习门槛，让用户产生消费冲动，引导他们在直播间下单。

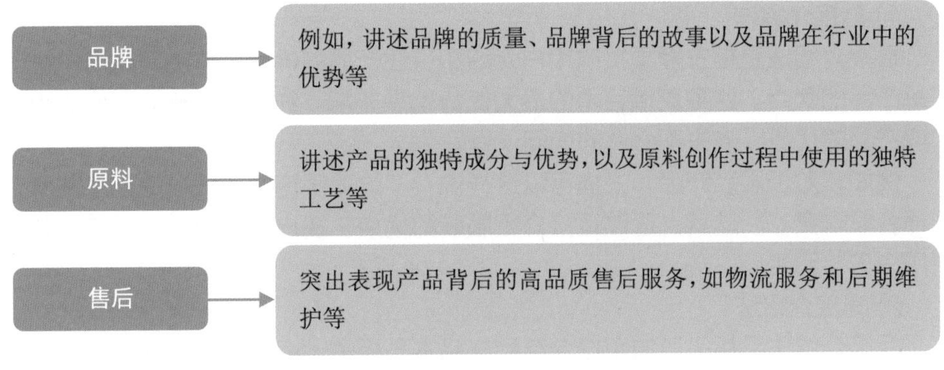

图 9-11 提升产品价值的讲解角度

9.2.2 话术模板，提高产品销量

主播在直播带货过程中，除了要把产品很好地展示给用户以外，最好还要掌握一些直播带货技巧和话术，这样才能更好地进行产品推销，提高主播自身的带货能力，从而让主播的商业价值得到增长。

由于每一个买家的消费心理和消费关注点都是不一样的，在面对合适且有需求的产品时，仍然会由于各种细节因素，导致最后并没有下单。面对这种情况，主播就需要借助一定的销售技巧和销售话术模板来突破买家的最后心理防线，促使他们完成下单行为。

下面就向大家介绍几种西瓜视频直播带货的技巧和话术，帮助主播提升带货技巧，让直播间的产品销量更上一层楼。

1. 介绍法：把产品优点讲出来

介绍法是介于提示法和演示法之间的一种方法。主播在西瓜视频直播间带货时，可以用一些生动形象和有画面感的话语来介绍产品，达到劝说用户购买产品的目的。图 9-12 所示为介绍法的 3 种操作方式。

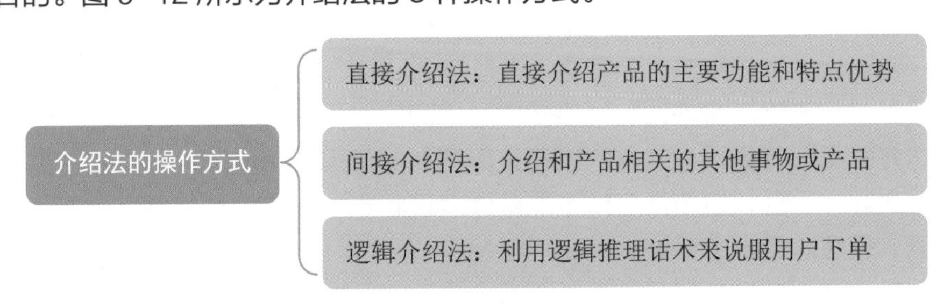

图 9-12 介绍法的 3 种操作方式

1) 直接介绍法

直接介绍法是指主播直接向用户介绍和讲述产品的优势和特色，让用户快速了解产品的卖点。这种直播话术的最大优势就是非常节约时间，能够直接让用户了解产品的优势，省去不必要的询问过程。

例如，对于服装产品，主播可以这样说："这款服饰的材质非常轻薄贴身，很适合夏季穿。"这就是通过直接介绍服装的优点，提出服装的材质优势，来吸引用户下单购买。

2) 间接介绍法

间接介绍法是指采取向用户介绍和产品本身相关、密切的其他事物，来衬托介绍产品本身。

例如，如果主播想向用户介绍服装的质量，不会直接说服装的质量有多好，而是介绍服装采用的面料来源，来间接表达服装的质量过硬和值得购买的意思，这就是间接介绍法。

3) 逻辑介绍法

逻辑介绍法是指主播采取逻辑推理的方式，通过层层递进的语言将产品的卖点讲出来，整个语言的前后逻辑和因果关系非常清晰，更容易让用户认同主播的观点。

例如，主播在进行服装带货时，可以向用户说："用几杯奶茶钱就可以买到一件美美的服装，您肯定会喜欢。"这就是一种较典型的逻辑介绍法，表现为以理服人、顺理成章，说服力很强。

2. 赞美法：让用户更想拥有产品

赞美法是一种常见的直播带货话术，这是因为每个人都喜欢被人称赞，喜欢得到他人的赞美。在这种赞美的情景之下，被赞美的人很容易心情愉悦，从而购买主播推荐的产品。

主播可以将产品能够为用户带来的改变说出来，告诉用户他们使用了产品后会变得怎样，通过赞美的语言为用户描述梦想，让用户对产品心生向往。下面介绍一些赞美法的相关技巧，如图 9-13 所示。

另外，"三明治赞美法"也是赞美法里面比较受人推崇的一种表达方法，它的表达方式是：首先根据对方的表现来称赞他的优点；然后再提出希望对方改变的不足之处；最后，重新肯定对方的整体表现状态。通俗的意思是：先褒奖，再说实情，最后总结一个好处。

例如，当用户担心自己的身材不适合这件裙子时，主播就可以这样说："这条裙子不挑人，大家都可以穿，虽然您可能有点不适合这款裙子的版型，但是您非常适合这款裙子的风格，可以尝试一下。"

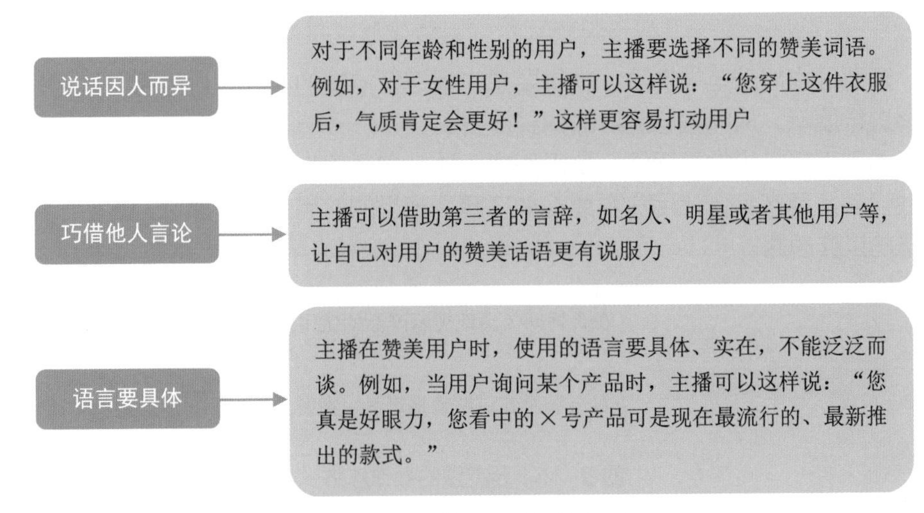

图 9-13 赞美法的相关技巧

3. 强调法：重要的话要说三遍

强调法，也就是需要主播不断地向用户强调这款产品好在哪里，用户购买后能获得怎样的好处，类似于"重要的话说三遍"。

当主播想大力推荐一款产品时，就可以通过强调法来营造一种热烈的氛围，用户在这种氛围的引导下，会不由自主地下单。强调法通常用在直播间催单，能够让犹豫不决的用户立刻行动起来，相关技巧如图 9-14 所示。

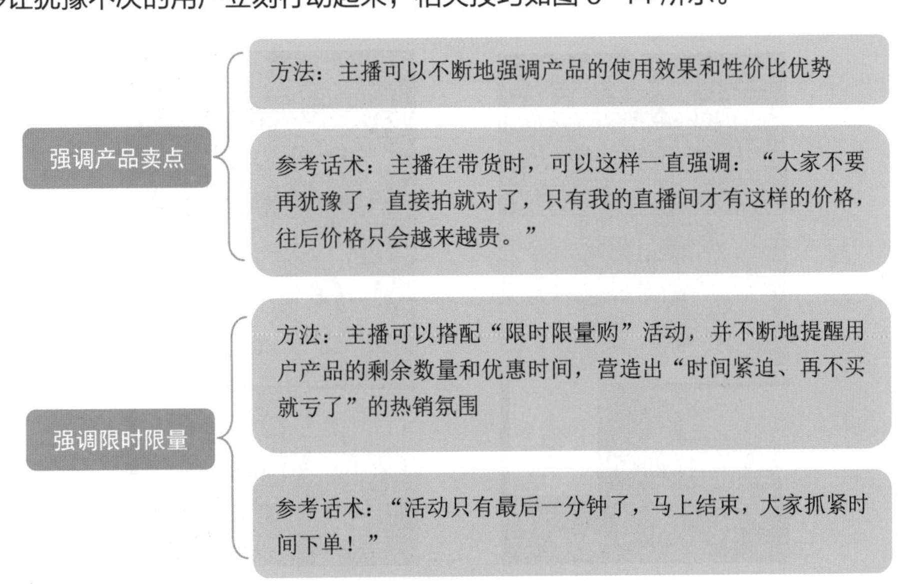

图 9-14 强调法的相关技巧

4. 示范法：创造真实场景模式

示范法也叫示范推销法，就是要求主播把要推销的产品，通过亲自试用来给顾客进行展示，从而激起用户的购买欲望。

由于直播带货的局限性，使得用户无法亲自试用产品，这时就可以让主播代替他们来使用产品，让用户更直观地了解到产品的使用效果。图 9-15 所示为示范法的操作思路。

- 示范法的操作思路
  - 在直播间灵活地展示产品的试用效果，引起用户的兴趣
  - 善于演示和讲解直播产品，激发大量用户下单购买

图 9-15　示范法的操作思路

示范法涉及的方法和内容较复杂，因为不管是产品陈列摆放或者当场演示，还是主播展示产品的试用、试穿或试吃等方式，都可以称之为示范法。

示范法的主要目的就是让用户达到一种亲身感受产品优势的效果，同时通过把产品的优势尽可能地全部展示出来，来吸引用户的兴趣。

例如，在下面这个卖去污产品的直播间中，主播为了展示产品的使用效果，特意选择了在饭店中油污较重的排风扇位置使用该产品。通过产品使用前后的鲜明对比，用户可以直观地看到产品的真实效果，这种场景式的直播内容更容易让用户信服，如图 9-16 所示。

图 9-16　去污产品直播间示例

5. 限时法：直接解决顾客犹豫

限时法是指主播直接告诉用户，本场直播正在举行某项优惠活动，这个活动到哪天截止，在这个活动期内，用户能够得到的利益是什么。此外，主播还需要提醒用户，在活动期结束后，再想购买，就要花更多的钱。

参考话术："亲，这款服装，我们今天做优惠降价活动，今天就是最后一天了，您还不考虑入手一件吗？过了今天，价格就会恢复原价，和现在的价位相比，足足有了几百元钱的差距呢！如果您想购买这款服装的话，必须尽快下单哦，机不可失，时不再来。"

主播在直播间向用户推荐产品时，就可以积极地运用限时法，给他们造成紧迫感，也可以通过直播界面的公告牌和悬浮图片素材中的文案来提醒顾客。使用限时法催单时，主播还需要给直播产品开启"限时限量购"活动，这是通过对促销产品的货量和销售时间进行限定，来实现"饥饿营销"的目的。

9.2.3 活跃气氛，引导用户下单

在西瓜视频平台上，直播作为一种卖货的空间，主播要通过言行在整个环境氛围中营造出紧张感，给用户带来时间压力，刺激他们在直播间下单。

主播在直播带货时，必须要时刻保持高昂的精神状态，将直播当成现场演出，这样用户才会更有沉浸感。本节将介绍一些营造直播带货氛围的相关话术技巧，帮助主播更好地引导用户下单。

1. 开场招呼：念出用户的名字

主播在开场时要记得和用户打招呼，下面是一些常用的模板。

- "大家好，主播是新人，刚做直播不久，如果有哪些地方做得不够好，希望大家多包容，谢谢大家的支持。"
- "我是××，将在直播间给大家分享×××，而且还会每天给大家带来不同的惊喜哟，感谢大家捧场！"
- "欢迎新进来的宝宝们，来到××的直播间，支持我就加个关注吧！"
- "欢迎××进入我的直播间，××产品现在下单有巨大优惠哦，千万不要错过了哟！"
- "××产品秒杀价还剩下最后十分钟，进来的朋友们快下单吧！错过了这波福利，可能要等明年这个时候了哦！"

如果进入直播间的人比较少，此时主播还可以念出每个人的名字，下面是一些常用的打招呼模板。

- "欢迎×××来到我的直播间。"
- "嗨，×××你好！"

- “哎，我们家 ××× 来了。”
- “又看到一个老朋友，×××。”

当用户听到主播念到自己的名字时，通常会有一种亲切感，这时用户关注主播和下单购物的可能性也会更大。另外，主播也可以发动一些老粉丝去直播间和自己聊天，带动其他用户评论互动的节奏。

2. 时间压力：善用语言魅力带货

有很多人做过相关的心理学实验，发现了一个共同的特点，那就是“时间压力”的作用。

- 在用数量性信息来营造出超高的时间压力环境下，消费者很容易产生冲动性的购买行为。
- 在用内容性信息来营造出较低的时间压力环境下，消费者在购物时则会变得更加理性。

主播在直播带货时也可以利用“时间压力”的原理，通过自己的语言魅力营造出一种紧张状态和从众心理，来降低用户的注意力，同时让他们产生压力，忍不住抢着下单。

下面介绍一些能够增加“时间压力”的带货话术模板。

(1) 参考话术：“6 号产品赶紧拍，主播之前已经卖了 10 万件！”

分析：用销量数据来说明该产品是爆款，同时也能辅助证明产品的质量可靠性，从而暗示用户该产品很好，值得购买。

(2) 参考话术：“×× 产品还有最后 5 分钟就恢复原价了，还没有抢到的朋友要抓紧下单了！”

分析：用倒计时来制造产品优惠的紧迫感和稀缺感，让用户产生“自己现在不在直播间下单，就再也买不到这么实惠的价格”的想法。

(3) 参考话术：“×× 产品主播自己一直在用，现在已经用了 3 个月了，效果真的非常棒！”

分析：主播通过自己的使用经历，为产品做担保，让用户对产品产生信任感，激发他们的购买欲望。需要注意的是，同类型的产品不能每个都这样说，否则就显得太假了，很容易被用户看穿。

(4) 参考话术：“这次直播间的优惠力度真的非常大，工厂直销，全场批发，宝宝们可以多拍几套，价格非常划算，下次就没有这个价了。”

分析：主播通过反复强调优惠力度，同时抛出“工厂直销”和“批发”等字眼，会让用户觉得“主播已经没有利润可言，这是历史最低价”，吸引他们大量下单，从而提高客单价。

(5) 参考话术：“直播间的宝宝们注意了，×× 产品的库存只有最后 100 件了，抢完就没有了哦，现在拍能省 ×× 元，还赠送一个价值 ×× 元的小礼品，喜欢的宝宝直接拍。”

分析：主播通过产品的库存数据，来暗示用户这个产品很抢手，同时还利用附赠礼品的方式，超出用户的预期价值，达到更好的催单效果。

(6) 参考话术：“×× 产品在店铺的日常价是 ×× 元，去外面买会更贵，一般要 ×× 元，现在直播间下单只需 ×× 元，所以主播在这里相当于给大家直接打了 5 折，价格非常划算了。”

分析：主播通过多方对比产品的价格，来突出直播间的实惠，让用户放弃去其他地方比价的想法，在自己的直播间下单。

3. 暖场互动：拉近与用户的关系

在西瓜视频直播中，主播也需要和用户进行你来我往的频繁互动，这样才能营造出更火爆的直播氛围。因此，主播可以利用一些互动话术和话题，吸引用户深度参与到直播中，相关技巧如图 9-17 所示。

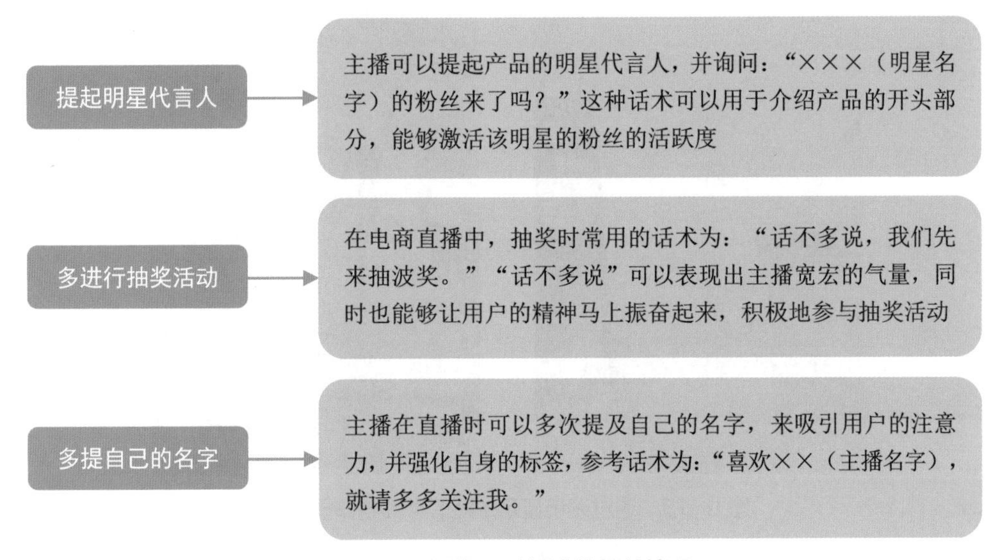

图 9-17　暖场互动话术的相关技巧

4. 用户提问：积极回复引导互动

许多用户之所以会对主播进行评论，主要因为他对于产品或直播中的相关内容有疑问。针对这一点，主播在策划直播脚本时，应尽可能地选择一些能够引起用户讨论的内容。这样做出来的直播自然会有用户感兴趣的点，而且用户参与评论的积极性也会更高一些。

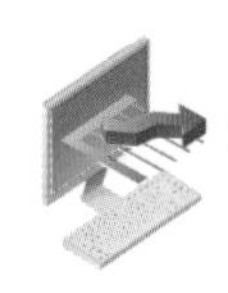

专家提醒

当用户对主播进行提问时，主播一定要积极地做好回复，这不仅是态度问题，还是获取用户好感的一种有效手段。

下面总结了一些西瓜视频直播间的用户经常提的问题，和对应的解答技巧，可以帮助主播更好地回复用户并引导他们互动。

1) 问题 1：“主播多高多重？”

第 1 个常问的问题是主播的身高和体重，如：“主播多高多重？”在直播间中，通常会通过贴纸、公告牌、小黑板或悬浮图片素材来展示主播的身高与体重信息，但用户可能没有注意到这些细节，如图 9-18 所示。

图 9-18　通过贴纸显示主播的身高与体重信息

此时，主播可以直接回复用户，提醒他们查看直播界面上的信息，有其他问题可以继续留言。

2) 问题 2：“看一下 ×× 产品”

第 2 个常见的提问为“看一下 ×× 产品”或“× 号宝贝试一下”，用户在评论中提出需要看某个产品或款式。针对这一类型的提问，表示用户在观看直播的时候，对该产品产生了兴趣，需要主播进行讲解，所以提出了这个问题。

如果主播方便的话，或者时间比较充裕，则可以马上拿出该产品进行试用或试穿，同时讲解该产品的功能和价格等方面的优势，并挂上产品链接引导用户去购物袋下单。

3) 问题 3：“身高不高能穿吗？”

第 3 类问题是用户在直播间内问主播：“身高不高能穿吗？”对于这类问题，主播可以让用户提供具体的身高和体重信息，然后再给予合理的意见；或者询问用户平时所穿的尺码。

例如，卖连衣裙的直播间，主播可以说自己的产品是标准尺码，平时穿 L 码的用户，可以直接选择 L 码，也可以自行测量一下自身的腰围，再参考裙子的详情页中的详细尺码信息，来选择适合自己的尺码。

4) 问题 4：“主播怎么不理人？”

有时候用户会问主播“为什么不理人”，或者责怪主播没有理会他。这时候主播需要安抚该用户的情绪，可以回复说没有不理，并且建议用户多刷几次评论，主播就能看见了。如果主播没有及时安抚用户的话，可能就会丢失这个潜在客户。

5) 问题 5：“× 号宝贝多少钱？”

最后一个问题是针对用户观看直播，却没有看产品的详情介绍而提出的相关价格方面的问题。对于此类问题，主播可以引导用户在直播间领券下单，或者告诉用户关注主播可享受优惠价。

5. 卖货话术：把气势和氛围做足

对于西瓜视频的主播来说，卖货是必须要掌握的技能。因此，主播需要掌握卖货的话术技巧，来提升直播间的气势和氛围，促使用户跟随主播的节奏去下单。

主播要想在直播间卖货，前提条件是直播间有足够的氛围和人气，这样才能提起用户的兴趣，让他们更愿意在直播间停留，从而增加成交的机会。下面介绍一些主播与用户进行沟通和互动的技巧，让直播间能够长久地保持热度，如图 9-19 所示。

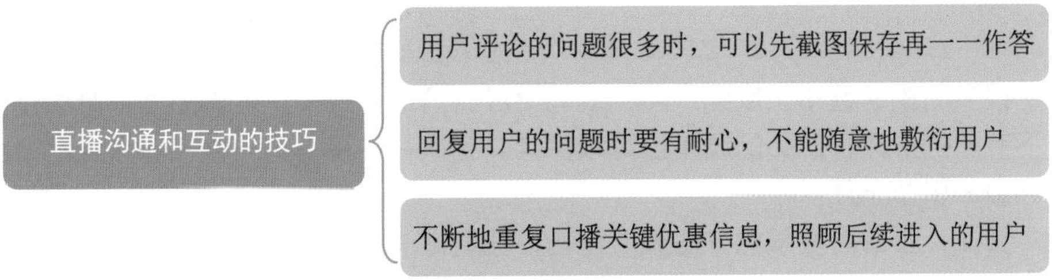

直播沟通和互动的技巧
- 用户评论的问题很多时，可以先截图保存再一一作答
- 回复用户的问题时要有耐心，不能随意地敷衍用户
- 不断地重复口播关键优惠信息，照顾后续进入的用户

图 9-19　直播沟通和互动的技巧

当然，一般用户较多的直播间提问频率是非常高的，主播在面对大量的评论信息时，不可能一个个去回答，这样会非常累，而且还容易遗漏部分用户的问题，导致他们离开直播间。因此，主播在开始介绍产品并卖货时，要多使用引导话术，

让用户根据主播的模板进行提问，这样能够统一回复大家的问题。

主播需要掌握每个直播环节的话术要点，根据话术模板来举一反三，将其变成自己专属的卖货语言，这样就能做到“以不变应万变”。

专家提醒

直播卖货话术的思路非常简单，无非就是“重复引导（关注、分享）+互动介绍（问答、场景）+促销催单（限时、限量与限购）”，主播只要熟练掌握这个思路，就能轻松地在直播间卖货。

西瓜视频直播卖货话术的关键在于营造一种抢购的氛围，来引导用户下单。图 9-20 所示为一些常用的直播卖货话术模板，分享给大家。

常用的直播卖货话术模板

- ××产品数量有限，就要卖完了，看中了马上下单哦
- 秒杀单品仅剩×件，抓紧时间，不然等会就抢不到啦
- ××元优惠券还剩最后××张，大家抓紧时间领券下单
- 本场秒杀活动只有最后 10 个名额了，再不抢就没了
- 主播倒数 5 秒计时，同时助理配合说出产品剩余数量

图 9-20　常用的直播卖货话术模板

9.3　直播技巧，6 个要点提升质量

很多新主播通常一拿到产品，就马上放到直播间去卖，这样主播很难给用户留下专业的形象，产品的质量也难以保证，结果往往是主播一直在尬聊，而产品的销量却寥寥无几。

因此，主播需要掌握一些直播技巧，让直播间可以非常顺利地进行下去，同时也可以让主播显得更加专业，帮助店铺提升产品的销量。本节将介绍 6 个提升直播质量的要点，帮助主播打造高质量的带货直播间。

9.3.1　环境布置，提供良好观感

画面昏暗、画质模糊的直播画面，在很大程度上会被平台限制推荐，主播想

要直播间获得更高的人气，就需要用心布置好直播间的环境。良好的直播环境不仅有利于提高主播的直播状态，还能吸引更多用户观看直播。那么，如何布置一个优美的直播间呢？下面就为大家介绍直播间环境布置的 3 个要点。

1. 整洁干净，突出产品

整洁干净的直播间会带给用户舒适的观感，主播在此基础上尽可能多地展现要推荐的产品，增加产品的曝光度。主播还可以根据产品的主题来选择最合适的直播间场景，下面就为大家举例介绍几种不同类型直播间的布置方法。

1) 美妆类

主播主推美妆类产品时，直播间的背景不可过于花哨或暗沉，应该尽可能真实地还原产品的真实效果。

2) 服装类

主播展示服装类产品时，直播间的场地应当能够支持主播拍摄全身效果，并且环境背景不能与服装撞色。直播可以身穿主打的服饰产品进行直播，并使用素色背景或以白墙为背景。除此之外，主播最好明确设定一个直播主题，将可搭配的产品组合展示在直播间中。

3) 美食类

直播在推荐美食类产品时，如果想要获得更好的展示效果，可以将主推的产品放置在直播画面的显眼位置，并逐步将食物全貌靠近镜头进行展示，这样可以使食物看上去更加饱满诱人。此外，主播还可以深入食物的原产地，带领用户身临其境地感受产品特色，如图 9-21 所示。

图 9-21 深入原产地介绍产品

4) 娱乐类

一般来说，娱乐类直播间的主播们都会选择一款适合自己的墙纸，例如：蔚蓝的天空、碧绿的草地或摇滚风的电子灯背景。

专家提醒

直播间常见的布置方法就是利用产品布置背景，主播需要合理地将产品与背景融为一体，能够让进入直播间的每一位用户都拥有良好的观看体验，同时了解产品的基本属性。

2. 照明良好，光线充足

良好的光线也是留住用户必不可少的条件，无论是室内直播还是室外直播，主播都要避免出现光线过曝或者过暗的情况。好的光源能够从视觉效果上增强直播间产品的吸引力，尤其是展示服装类、美妆类的产品，要尽可能避免因光线不好而影响到画面的美观度。

预算充足且直播空间足够的主播，可以选择购买柔光灯箱。柔光灯箱用于补光，一般为白色光，光线不会溢出造成过度曝光，也不会像台灯那样刺眼。更重要的是，柔光灯能够显著地改善主播的肤色，即使不开美颜和滤镜也能提升主播的自信。

主播如果没有条件购买柔光灯箱，也可以选择购买圆形补光灯。圆形补光灯相对来说占用空间更小，同样能起到补光的效果。图 9-22 所示为柔光灯箱和圆形补光灯的产品图。

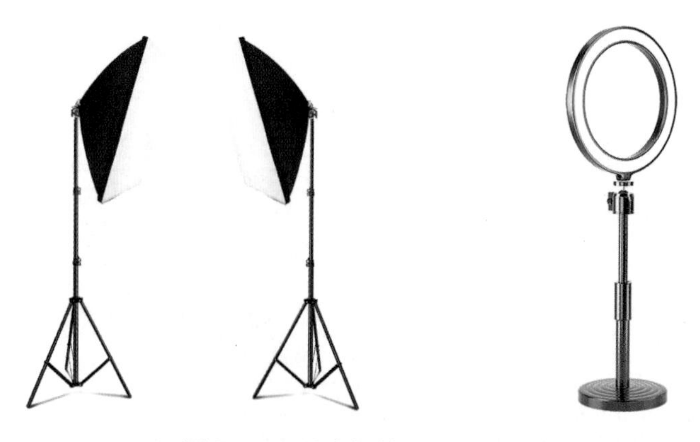

图 9-22　柔光灯箱和圆形补光灯的产品图

3. 消除噪音，声音清晰

直播作为声音与画面结合的活动，保证用户良好的听觉体验也是非常重要的，主播如果想要和用户更好地交流，应该在直播过程中保持清晰动听的声音，同时避免发出噪音。

专家提醒

为了提升直播的声音质量，隔绝周围环境产生的噪音影响，主播可以在直播间安装隔音设备，也可以使用声卡等硬件设备进一步提升音质效果。

9.3.2 主播妆容，展现完美形象

一个好的妆容，可以让主播看上去更加精神。在西瓜视频平台上，主播妆容的基本原则是“简单大方，衣着整洁”。

其实，西瓜视频主播的妆容和日常生活中的妆容并没有太大差别，只需要注意好化妆和穿搭过程中的一些小要领，从而更好地把直播主题与个人形象相结合，做到相得益彰，如图 9-23 所示。

图 9-23 在直播间展现良好的主播形象

1. 好的妆容，最能加分

主播在开播时，不管是不是基于增加颜值的需要，化妆都是必需的。相较于整容这类增加颜值的方法而言，化妆有着巨大的优势，具体如下。

- 从成本方面来看，化妆这一方式相对来说要低得多。
- 从技术方面来看，化妆所要掌握的技术难度也较低。
- 从后续方面来看，化妆所产生后遗症的风险也比较轻。

但是，主播的妆容也有需要注意的地方，在美妆类直播中，其妆容是为了更好地体现产品效果，因此需要比较夸张一些，以便更好地衬托产品。

在其他带货直播中，主播的妆容就应该考虑用户的感受，选择容易让人接受的妆容，这是由直播平台的娱乐性特征决定的。

一般来说，用户选择观看直播，其主要目的是为了获得精神上的轻松，让身心更加愉悦，因而这些平台主播妆容的基本要求就是让人赏心悦目。当然，主播的妆容还应该考虑其自身的气质和形象，因为化妆是为了更好地表现主播的气质，而不是为了化妆而化妆，去损坏自身本来的形象气质，如图 9-24 所示。

图 9-24　气质和形象相符合的主播妆容示例

2. 衣着发型，也很重要

主播的形象整洁得体，这是从最基本的礼仪出发提出的要求。除了上面提及的面部的化妆内容外，主播形象的整洁得体还应该从两个方面考虑，一是衣着，二是发型，下面进行具体介绍。

从衣着上来说，应该考虑自身条件、相互关系和用户感受这 3 个方面，具体如图 9-25 所示。

从发型上来说，主播也应该选择适合自身的发型。例如，脸型偏长的女主播，可以做个“空气刘海”或者蓬松一点的发型，这样能够让主播的脸看起来更短更小，如图 9-26 所示。

3. 精神面貌，认真投入

在评价人的时候，有这样的说法：自信、认真的人最美。从这方面来看，人的颜值在精神面貌方面也是有一定体现的。主播在直播时以积极、乐观的态度来面对用户，充分展现其对生活的信心，也是能加分的。

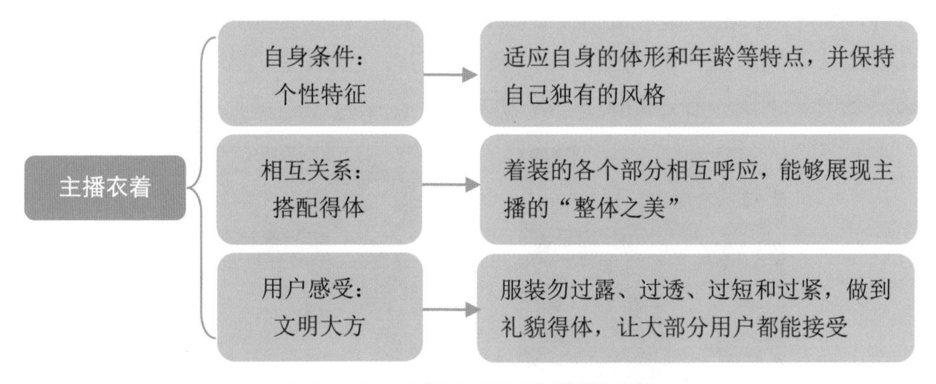

图 9-25 主播衣着的整洁得体体现

图 9-26 主播发型示例

专家提醒

如果主播在直播的时候，以认真、全身心投入的态度来完成，那么也能让用户充分感受主播的魅力，从而欣赏主播的敬业美，并对她所带货的产品由衷地感到信服。

9.3.3 提出痛点，符合用户需求

虽然电商直播的主要目的是卖货，但这种单一的内容形式难免会让用户觉得无聊。直播时并不是要一味地吹嘘产品的特色卖点，而是要解决买家的痛点，这样他才有可能在你的直播间驻足。

因此，主播可以在直播脚本中根据用户痛点，给用户带来一些有趣、有价值的内容，提升用户的兴趣和黏性。例如，在下面这个卖家纺产品的直播间评论中，可以看到很多用户提出的问题，如“被罩尺寸”“有没有 1.5 米床铺的三件套”以及“这个多少钱”等，如图 9-27 所示。

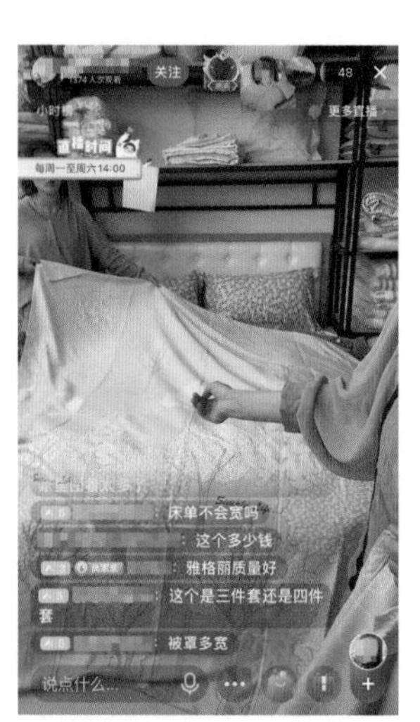

图 9-27　家纺产品的直播间示例

其实，这些问题就是用户痛点，主播可以在直播脚本中将这些痛点列出来，并策划相关的内容和话术，通过直播解决用户提出的问题。主播对产品所面向的用户进行详细分析，了解其痛点后，便利用直击用户痛点的话术讲述观看直播的好处。例如：“皮肤黑的朋友看过来，今天给你们推荐一款美白产品哦！”

专家提醒

很多时候，并不是主播提炼的卖点不够好，而是因为主播认为的卖点，不是买家的痛点所在，并不能解决他们的需求，所以对买家来说自然就没有吸引力了。当然，前提是主播要做好直播间的用户定位，明确用户是追求特价，还是追求品质，或者是追求实用技能。

9.3.4　引出话题，吸引用户注意

直播不仅要靠嘴皮子，还需要主播多动脑，提前准备好一些能够吸引用户注意力的话题。主播在直播前，可以总结直播的大概内容，告诉用户观看直播能获得什么福利、学习到什么，例如：“今天我给大家分享几个穿搭的技巧，来和我学穿搭，变成时尚达人吧！”

下面为大家介绍一些直播间常用的话题类型，如图 9-28 所示。

直播间常用的话题类型
- 娱乐类话题，如聊明星等，注意不要诋毁他人
- 热搜类话题，可以关注微博热搜，但具有时效性
- 时事新闻类话题，注意观点不要偏激，尊重不同声音
- 幽默搞笑类话题，老少皆宜，让直播间瞬间乐翻天
- 聊用户抛出的话题，对于每个人都要做到真诚对友善

图 9-28 直播间常用的话题类型

9.3.5 使用产品，展示真实效果

主播对产品要有亲身体验，并告诉用户自己的使用感受，同时还可以列出真实用户的买家秀图片、评论截图或短视频等内容，这些都可以写进直播脚本中，有助于杜绝虚假宣传的情况。

图 9-29 所示为某主播在直播间亲自使用魔术拖把扫除污垢，直观地给用户展示产品的使用方法和效果，这样不仅可以吸引用户的关注，还能消除用户的疑虑，让他们果断下单。

图 9-29 展示产品的使用方法和效果

9.3.6 引导消费，推荐热卖产品

主播需要熟悉直播间规则、直播产品以及店铺活动等知识，这样才能更好地将产品的功能、细节和卖点展示出来，以及解答用户提出的各种问题，从而引导用户在直播间下单。图 9-30 所示为直播间推荐产品的一个基本流程，能够让主播尽量将有效信息传递给用户。

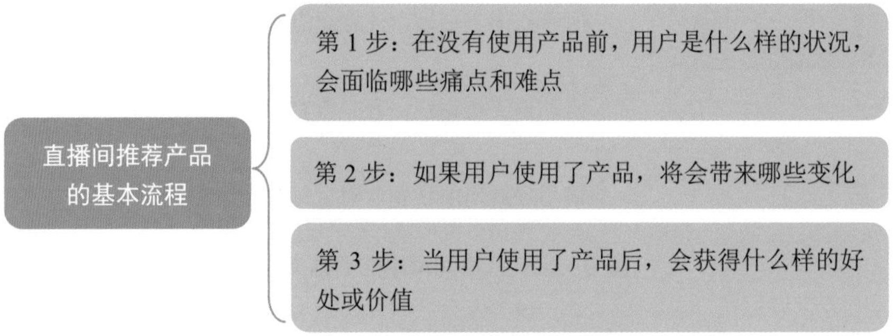

直播间推荐产品的基本流程	
	第 1 步：在没有使用产品前，用户是什么样的状况，会面临哪些痛点和难点
	第 2 步：如果用户使用了产品，将会带来哪些变化
	第 3 步：当用户使用了产品后，会获得什么样的好处或价值

图 9-30　直播间推荐产品的基本流程

同时，主播说话要有感染力，要保持充满激情的状态，制造出一种产品热卖的氛围，利用互动和福利引导真实的买家进行下单。

第 10 章

带货秘诀：学会了你也可以成为带货王

主播在西瓜视频直播间卖货时，整场直播的核心点是如何把产品销售出去。主播不仅需要放大产品的优点，还需要通过活动和利益点来抓住观众的消费心理，从而促使他们完成最后的下单行为。本章就为大家介绍一些带货秘诀，帮助各位主播成为带货王。

10.1 展示产品，3 个流程放大优点

主播进行直播时，需要对产品进行全面展示，以便让用户了解产品。而在展示产品的过程中，主播需要掌握一些销售技巧，放大产品的优点，只有这样，才能吸引用户的注意力，让用户产生购买欲望。

例如，主播在展示产品前，只有全面了解产品的信息，才能提炼出产品的卖点；在展示产品时，注意观看用户的需求，才能在讲解产品时有侧重点；而在展示产品后，主播就要总结产品的优点，加深用户对产品的印象，促使用户下单购买。

下面就从产品展前需要做的准备工作、产品展中要掌握的方法技巧，以及产品展后的直播工作出发，为大家详细介绍放大产品优点的 3 个流程。

10.1.1 产品展前，做好准备工作

因为用户在观看直播时，经常会向主播发起提问，所以主播在展示产品前只有全面了解产品的相关信息，才能正确回答用户提出的问题。不仅如此，主播还需要把控好直播的流程，安排好介绍产品的顺序。

1. 了解产品的相关信息

虽然大多数用户在观看直播时，很容易会因为信任主播而下单购买产品，但是如果主播在展示产品时不够专业，一些用户就会觉得主播是在欺骗自己。因此，主播要对所销售的产品有深入的了解。

例如，产品的生产原料、外形设计、品牌以及销量等，都是主播需要了解的相关信息。除了这些基本信息之外，主播还需要掌握其他的产品信息。例如，主播要对产品的优缺点有所了解，才能明确产品的相关卖点，说服用户下单购买产品。

一些主播在介绍产品时，往往会夸大产品的优点，对产品的缺点却只字不提，这样很容易导致用户对产品的预期过高。一旦用户收到产品，觉得产品不符合自己的预期，就很容易产生心里落差而不再相信主播。任何产品或多或少都存在缺点，虽然主播在介绍产品时，不能回避其缺点，但是可以使用一些技巧弥补缺点。

首先，主播在了解产品的相关信息时，要对产品的优缺点有所研究。具体来说，主播可以从产品的材质、功能和外形设计等方面展开。例如，主播要想在直播过程中向用户推销一款粉底液，如果“持久控油”“防水不脱妆”就是产品的优点，那么“卸妆难”很可能就是产品的缺点。

其次，为了更好地掌握产品的优缺点，主播可以通过亲身试用来多方面了解，在了解产品优缺点的基础上，掌握弥补产品缺点的技巧。例如，某种眼线笔虽然有防水不脱妆的优点，但是很难卸干净，所以主播就要了解卸眼线的一些小技巧，

并把这些技巧分享给用户。

不仅如此，主播还可以掌握一些介绍产品的技巧，在讲解产品的优缺点时，先简单地介绍产品的缺点，再详细地突出产品的优点，将产品的缺点弱化。

2. 安排介绍产品的顺序

主播明确带货产品的详细信息之后，便可以合理地安排所要销售产品的讲解顺序。在安排产品的讲解顺序时，主播可以参考以下两个步骤，有效地提高讲解产品的效率，如图10-1所示。

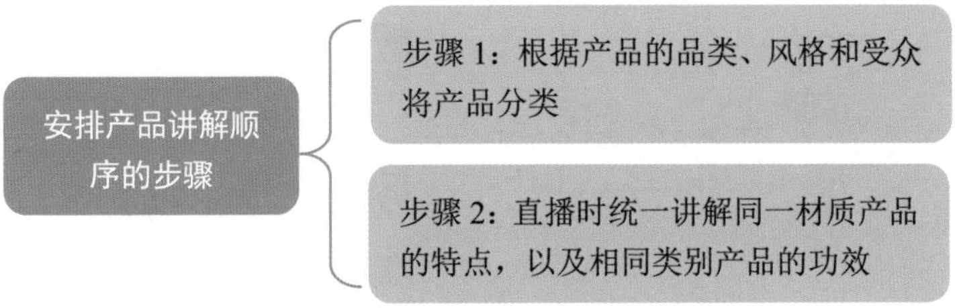

安排产品讲解顺序的步骤

- 步骤1：根据产品的品类、风格和受众将产品分类
- 步骤2：直播时统一讲解同一材质产品的特点，以及相同类别产品的功效

图10-1　安排产品讲解顺序的步骤

此外，主播在进行产品排序时，还需要掌握以下两种排序方法。

(1) 主播优先讲解打折的新品，然后讲解品牌的经典款产品，最后讲解清仓类的产品。首先，主播利用“新品”“折扣优惠”等词汇吸引用户观看直播的好奇心，激发用户观看直播的热情，为主播接下来展示产品做好铺垫。

其次，主播在讲解品牌的经典款产品时，着重强调产品的销量和产品的品质，可以进一步激发用户的购物欲望。当主播的直播开展到后半阶段时，便可以开始展示清仓类的品牌产品了。

虽然大多数清仓类的品牌产品都是一些款式单一或断码的产品，用户在产品规格的选择上比较有限，但是这些产品的质量是有保证的，所以这些产品往往也能受到许多用户的喜爱，从而引发用户的抢购热潮。

(2) 主播依照产品的价格有规律地进行排序。刚开播时，因为进入直播间观看直播的用户数量还不稳定，所以主播要想办法把刚进入直播间的用户留下。这时，如果主播讲解的第一个产品的价格很昂贵，部分用户就有可能会因为没有购买欲望而退出直播间。

面对这种情况，主播在开始直播并进行产品预热之后，就可以先讲解价格比较低的产品，给用户留下一个产品价格便宜的印象，再在直播的中期向用户推荐一些价格比较高的产品。需要注意的是，当主播讲解完一款价格比较昂贵的产品之后，接下来就要讲解一款价格稍微低一些的产品，否则很容易会让用户产生产品价格普遍偏高的感觉。

例如，主播可以根据产品价格“低、高、低”的顺序讲解产品，利用这种排序方式，能够让用户觉得主播直播间内的产品大多数比较便宜，如图 10-2 所示。

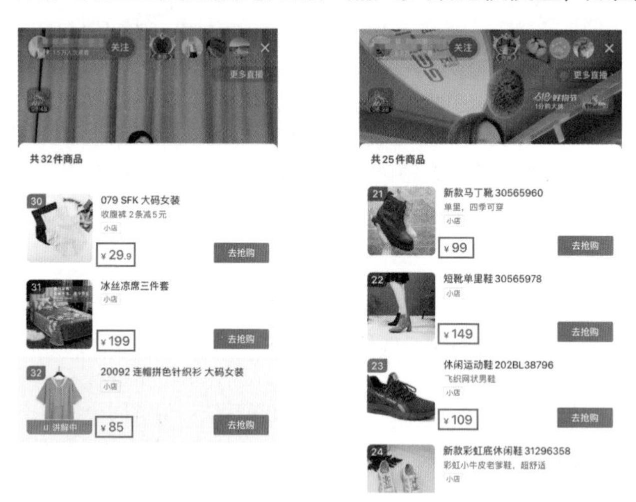

图 10-2 根据价格“低、高、低”的顺序讲解产品

10.1.2 产品展中，掌握方法技巧

主播做好展示产品前的准备工作之后，还需要掌握一些展示产品的方法和技巧，以帮助自己提高产品的销量。那么，主播要如何展示产品才能达到提高产品销量的目的呢？下面笔者分享一些展示产品的技巧。

1. 介绍用户想了解的部分

主播在展示产品时，必须要以用户的需求为出发点，重点讲解用户想要了解的部分。具体来说，主播在展示产品时，可以从以下 3 个方面入手。

1) 介绍产品品牌故事

一般来说，如果产品的品牌已经具有一定的知名度，主播在介绍该产品时就可以向用户分享一些品牌发展过程中比较有意义的故事，让用户了解该品牌不一样的一面，加深用户对品牌的印象。如果主播销售的是一些品牌知名度不高的产品，就需要向用户讲解品牌创立的时间和理念，让用户了解产品的品牌，打消用户对品牌的顾虑。

2) 详细解说产品成分

近年来，直播带货行业售假、销售数据造假和主播直播“翻车”的现象频繁被曝光，这就导致用户对产品的质量越来越重视，对产品的成分也越来越关注。

所以，主播在展示产品时，可以对产品的组成成分进行详细解说，分析这些成分对用户的好处。例如，主播在销售一款含有玻尿酸成分的精华时，就可以对玻尿酸这种成分进行详细分析，向用户表明这种成分对人的皮肤有什么好处。

3) 讲解产品具体功效

很多主播展示产品时，都会重点讲解产品的功效，特别是销售美妆和护肤产品的主播通常会亲自试用产品，再结合自己的亲身感受来讲解产品的功效。而对于产品的功效，主播一定要如实讲解，不能虚假宣传，否则一旦用户对产品的期望过高，收到产品后却发现不符合预期，就很容易产生心理落差。

2. 多增加产品的试用环节

大多数用户之所以喜欢在直播间内购物，是因为在直播间内能够看到产品的实际效果。所以，主播为了更好地让用户感受到产品的真实功效，需要在展示产品的过程中做到以下两点。

1) 将情感需求与产品相结合

主播在展示产品时，要找出用户的情感需求，并把用户的情感需求与产品相结合，优先分析用户的痛点，再结合产品的特性分析产品。例如，主播向用户推销一款面包糠时，可以先向用户诉说在外面吃的食物难以保证卫生，在家做的食物更加有保障，引起用户的情感共鸣后，再向用户展示使用该款面包糠制作食物的过程，如图 10–3 所示。

图 10–3　某主播展示面包糠制作食物的过程

2) 展示产品的体验要有创意

很多主播在直播带货时，并不重视展示产品时的创意性，而是简单地介绍完产品的信息之后，直接就进入产品的试用环节。因此，大多数主播直播带货时为

了提高效率，只是粗略地展示了产品的体验效果之后就直接上产品链接，呼吁用户购买产品，这种简单粗暴的推销方式是很难获得用户好感的。

主播在展示产品的体验时还需要有创意，才能吸引用户的注意力。例如，我们在观看一些顶流主播直播时，通常会看到他们的直播间内有一些镜头的切换，当主播介绍完产品之后，镜头便会切换到助理试用产品的场景中。

10.1.3　产品展后，帮助用户下单

当主播展示了产品之后，就要回归到产品的价格上了，为了激发用户购物的热情，主播需要放大产品的优点，塑造产品的高性价比。主播在讲述完产品的优点之后，还要向用户说明产品的售后情况，让用户打消维权困难的顾虑。

最后，主播还要教用户领取优惠券，帮助用户用更实惠的价格购买产品，下面就为大家介绍产品展后的具体直播工作。

1. 提醒产品的优惠价格

在直播过程中，主播通过多次提醒产品的价格的方式，不仅可以加深用户对产品的印象，还可以加深用户对自己的印象。

例如，某主播在直播时，会不断地用“我们只销售全网较低价的产品”的话术向用户强调产品价格的优势，从而加深用户对自己的印象。当用户需要购买产品时，自然就会想起该主播销售的是“全网较低价”的产品。

2. 放大产品的具体细节

网上购物是存在一定风险的，许多用户正是认识到了这一点，才会对直播间内的产品心存疑虑。针对这一点，主播可以通过放大产品的细节来突出产品的优点，让用户对产品的优点有所认知。

以销售服装产品为例，主播可以将产品贴近直播镜头，放大产品的细节，让用户看到布料的质地以及颜色、纹理，方便用户对服装的质量作出判断。

3. 描述无法展示的功能

主播展示产品之后，还需要将一些无法展示出来的产品功能描述出来。例如，大多数用户在购买香水时，因为对香水的味道没有很好的把握，都喜欢先亲身试用后，再购买，所以对于主播来说，销售香水是有一定难度的。

由于主播无法把香水的味道直接向用户展示出来，只能通过语言描述出香水的气味。在这个过程中，如果主播没有成功地引发用户对该产品功能的联想，就很难说服用户下单。

4. 表明产品售后服务

当主播放大产品优点、提高产品性价比之后，还需要给用户吃一颗“定心

丸”，提前向用户讲明产品的售后服务，让用户放下对产品售后服务的顾虑。

5. 教用户领取优惠券

由于一些产品有固定优惠券，所以主播将产品的优点、价格以及售后都向用户表述清楚之后，就要教用户领取优惠券，下单购买产品了。为了减轻工作量，主播可以借助于直播助理，让助理在镜头前教用户领取相应产品的优惠券再下单购买产品。

10.2 促单手段，5 个技巧吸引用户

主播在直播带货的过程中，很可能会遇到用户对产品很感兴趣，却犹豫不下单的情况。面对这种情况，主播要尽量了解用户犹豫的原因，在把握用户心理的情况下，有技巧地刺激用户下单购买产品。

10.2.1 分析原因，消除用户犹豫

用户在作出购买决策前，通常要做一些心理斗争，犹豫是否应该购买产品。一般来说，他们犹豫的主要原因是对产品的真实性存在质疑，或者产品并非刚需，以及产品价格不符合预期等。下面笔者对这 3 个犹豫的原因作出分析，并分享一些应对技巧，帮助主播消除用户的犹豫。

1. 质疑产品的真实性

直播带货给用户带来良好购物体验的同时，也带来了许多让用户担心的问题，例如假冒伪劣、虚假宣传等。对于这些问题，主播要一一打消用户的疑虑，具体来说，可以从以下 4 方面入手。

1) 展现专业性

主播在直播过程中，要向用户展现自身的专业性。例如，用户观看直播就某个产品提出问题时，主播需要及时帮助解答；或者主播在销售某款产品时，要多发表一些专业性见解等。主播在用户面前表现得越专业，就越能赢得用户的信任，这也是主播必须要做垂直直播内容的原因。

2) 直接试用产品

主播向用户推荐产品时，为了打消用户的质疑，可以在直播间内直接试用产品。例如，主播推销某款美妆产品时，可以直接把产品涂抹在自己的脸上，再贴近直播间的镜头，让用户看到产品的效果。

3) 讲述使用过程

对于一些无法快速显现出使用效果的产品，主播可以向用户讲述自己使用产品的经历来打消用户的疑虑。以销售某款美白产品为例，主播介绍完产品之后，

可以通过视频或照片向用户展示自己使用这款产品前后的状态，让用户看到自己皮肤的变化，并向用户分享在使用产品过程中发生的一些趣事。

4) 告知产品可退换

当用户在主播的引导下还是没有打消对产品真实性的疑虑时，主播可以告知用户产品是可退换的，让用户放心下单。如果产品有包邮和赠送运费险的服务，主播要多次向用户强调产品是包邮并且赠送运费险的。

2. 不是用户刚需产品

当主播推销某款产品时，并不是所有的用户都会对该产品有购买需求。虽然一些用户会被主播的话术激发出购买的欲望，但是他们在下单前还是很可能会因为产品不是刚需而放弃下单。

针对这一点，主播需要营造产品的使用场景，让用户意识到自己有购物需求。很多时候，直白的语言很难让用户感受到产品对他们的重要性，主播只有让用户知道产品具体的使用场景，才能让用户了解到这些产品能为他们带来哪些有用的价值。

例如，某主播曾在直播间中销售过一款可挂在床头的收纳袋，对于大部分用户来说，这种收纳袋并不是刚需产品，所以购买的欲望并不强烈，那么这位主播是如何推销这款产品的呢?

具体来说，主播在介绍完产品后，便让大家试想了一个生活场景：很多人睡觉前喜欢把手机放在床边的桌子上，但醒来时拿手机很麻烦，还有可能出现在拿的过程中不小心把手机摔到地上的情况。但购买了这个床头收纳袋之后，大家睡觉前把手机放在这个收纳袋中，就不用再担心手机会掉到地上或者拿手机很麻烦的情况了。

3. 产品价格超出预期

价格一直是影响大部分用户购买产品的重要因素，即使一些用户很喜欢某款产品，在看到产品的价格超出了心理预期后，也很可能会犹豫不决而迟迟不下单，甚至放弃购买产品。因此，主播可以利用以下 3 种方法打消用户对产品价格的顾虑。

1) 将产品价格与市场价格作对比

一般来说，用户对一些价格高的产品往往很难打消心中的顾虑。主播推销的产品价格之所以比较高，是因为其市场价格也不低，所以产品的降价空间比较小。

当用户对这类产品的价格有顾虑时，主播可以通过展示市场上同类产品的价格，来证明所推销产品的价格优势。不仅如此，主播还可以将产品优惠前的价格与现在的价格作对比，进一步打消用户的顾虑。

2) 多次强调产品的性价比

高性价比的产品往往更容易受到用户的青睐。当主播所推荐的产品与市场同类产品价格相比没有很大优势时，主播可以通过强调性价比、向用户展示产品的质量来打消用户的顾虑。如果主播推荐的产品质量比其他产品更好，那么在产品价格差距不大的情况下，用户一般会选择性价比高的产品。

3) 拆分产品成本体现价值

当用户还是认为主播销售的产品价格比较高时，主播可以将产品的成本一一拆分开来，向用户呈现出产品的价值。例如，主播销售一款包包时，就可以向用户强调："这款包包是纯手工制作的，制作的材料是上等的牛皮，而且包包的设计独特，图案是纯手工绘制的。"

主播通过拆分产品的制作成本，向用户说明产品制作所需要付出的人力、物力和财力之后，可以让用户充分认识到产品的价值，这样用户自然就不会过多地纠结产品的价格了。

10.2.2 报价技巧，把握用户心理

主播在进行直播带货时，要把握用户的心理，明确用户的心理需求。所以，主播在告知用户产品的价格时，并不是简单地告诉用户产品的价格就可以了，而是要充分满足用户的心理需求，让用户感觉到产品的价格很实惠。否则，主播就很难激发起用户的购物欲望。下面笔者向大家分享一些报价技巧，以供新人主播借鉴。

1. 学会设置产品锚点价格

设置产品锚点价格是指主播为产品设定一个提供参考的更高价，让用户作对比，从而感受到产品价格的优势。先用高价来作锚点，再用降价来影响用户对产品价值的判断，是许多商家常用的一种报价方式，主播在报价时也可以利用这一方法。

例如，主播在销售一款护肤套装时，可以告诉用户这款套装原价为 1999 元，但在直播间内购买只需要 999 元。其中的 1999 元便是产品的锚点价格，用户将产品的现价与产品的锚点价格作对比之后，便会认为自己得到了优惠，从而下单购买产品。

需要注意的是，主播报完锚点价格之后，要给用户一个降价的理由，否则很可能会让用户对产品的锚点价格产生怀疑。例如，主播可以告诉用户，是自己努力向品牌方砍价，才有了现在的优惠价，或者向用户强调自己是为了做活动或回馈粉丝，才会给到用户如此优惠的价格。

2. 设置大牌的平价替代款

大部分用户对大牌产品的质量、功效是有一定认知的，这也是用户对大牌产

品向往的原因，但因为大牌产品价格昂贵，所以很多用户会选择购买一些平价的产品。针对这一点，主播在推销一些价格不存在竞争优势的产品时，要想让用户认识到产品的价值，就可以将一些同类的大牌产品与自己所销售的产品作对比，让自己的产品成为大牌产品的平价替代款。

例如，某主播在推荐某平价品牌的一款粉饼时，就经常将其与其他大牌粉饼作对比，用类似“这款粉饼的粉质跟 xx 品牌的粉饼一样细腻！”的话术让用户产生该产品能够代替某大品牌产品的想法。

3. 报价前先明确产品优势

主播在向用户推销产品时，不能在用户不了解产品优势的情况下就直接报出产品的价格，否则用户在了解了产品的价格之后，觉得价格不符合预期，就会直接退出直播间。不仅如此，一旦用户了解了产品的价格之后，再听主播介绍产品的卖点，就会将产品与其他更便宜的同类产品作对比，用户就会对该产品的价格产生质疑。

因此，主播在报价前，一定要充分讲解产品的优势和卖点，让用户了解产品的价值，先激起用户的购买欲望，让用户对产品的价格放松要求之后，再把产品的价格告诉用户。

10.2.3　促单方法，快速说服用户

主播在进行直播带货的过程中，除了要掌握一些把握用户心理的报价技巧之外，还需要掌握一些促成用户下单购买产品的方法。下面笔者介绍 3 个促成用户下单的具体方法，帮助主播快速说服用户购买产品。

1. 从众成交法

从众成交法是指主播利用用户的从众心理，有针对性地促使用户下单购买产品的方法。主播利用从众成交法，可以有效地激发用户的从众心理，刺激用户的购买欲望，降低促单的难度。那么，主播要如何利用从众成交法来刺激用户的购买欲望呢？具体来说，主播可以从以下 3 个方面展开。

1) 利用名人效应

如果主播推荐的产品与明星所用的是同款产品，那么这款产品的销量就不会很差。主播只要利用名人效应来营造、突出产品的卖点，就很容易吸引用户的注意力，让他们产生购买欲望，这也是淘宝和京东上明星同款产品销量好的原因。

2) 透露产品的销量

主播在使用从众成交法时，可以告诉用户产品的具体销量，利用数据增强说服力，达到劝说用户下单的目的。例如，当主播向用户推销一套美妆产品时，可以对用户说：“这款产品的销量一直很好哦，这个月我们已经卖出几千套了。”

需要注意的是，从众成交法并不是对所有的用户都适用，对于一些追求个性、有个人想法的用户来说，从众成交法对他们所起到的作用并不大。

3) 产品符合潮流

大多数观看直播购买产品的用户都是年轻人，他们追求潮流，喜欢流行且新奇的事物，所以主播在向用户推销产品时，可以告诉用户产品的款式是今年最流行的，那么用户很可能会被主播说服下单。

2. 假设成交法

假设成交法是指主播以用户购买产品为前提，向用户提问问题，并逐步引导用户进入购买产品的假设之中。

例如，当主播销售一件外套时，为了刺激用户下单，主播可以对用户说："这款外套的库存没有多少了，大家还想买的话，在直播间跟我说一下，我帮大家和厂家沟通一下，看能不能再加一些。"主播作出用户已经准备购买这件外套的假设之后，就暗示用户外套的库存不足，利用这种方式让用户产生紧迫感，那么用户很可能就会迅速下单了。

3. 限时优惠法

主播或商家通常会利用限时优惠法来营造紧迫感，从而促使用户下单购买该产品。相比其他的优惠活动，"限时"二字能够放大产品在用户心中的价值，激发用户的购买欲。

因此，一些主播经常在直播标题中直接使用"限时优惠"来吸引用户进入直播间观看直播，或者在直播间内用"前 ×× 小时全场 ×× 折"来显示优惠活动的稀缺性，促使用户打消犹豫、下单购买产品。

10.2.4 促销法则，提高产品销量

主播要想在直播带货行业长远发展，还需要了解各种能够提高产品销量的促销法则。下面笔者介绍一些常用的促销法则，为主播做促销活动时提供借鉴。

1. 以纪念式促销开展活动

纪念式促销是指主播借用纪念日、节假日开展各种促销活动，为用户的购物制造理由，从而达到销售产品目的的行为。一般来说，用户在节假日、纪念日的购买需求是比较旺盛的，所以主播在这些重要的日子里展开促销活动，可以有效地激发用户的购买欲望，提高产品的销量。下面就为大家具体介绍纪念式促销。

1) 在纪念日做促销

主播在周年庆或者在用户生日期间赠送福利是较常见的纪念日促销手段。一般来说，主播在周年庆当天做促销活动，可以给用户一种产品优惠力度大，错过

了就买不到的感觉。而主播在用户生日当天为其发放福利，可以让用户感觉自己被重视，从而让用户有不一样的消费体验。

对铁杆粉丝来说，主播的重视可以使他们持续迸发出购物热情，所以主播更要用心地维护这些铁杆粉丝，让这些粉丝继续留在自己的私域流量池内。例如，主播可以确定一个粉丝回馈日，以回馈粉丝的方式来做纪念式促销。

除此之外，主播还可以设置会员日，在会员日内做促销活动，主播在做纪念式促销时，需要注意以下 3 点。

- 提前做好活动预热。纪念式促销具有时效性，优惠的时间一般不能太长，否则用户将会感受不到促销活动带来的紧迫感。因此，主播在促销开始前的一个星期，就要做好活动预热。
- 提前做好活动准备。在做纪念式促销前，主播除了提前做好直播预热以外，还要做好活动准备，提前准备好需要发放的优惠券和赠品。
- 赠品要有创意性。主播在做纪念式促销时，赠送具有特色创意的礼品更能体现出对用户和粉丝的用心。例如，主播可以定制带有自己个人特色的礼品，这样不仅能顺势推广自己的直播间，还能显示礼品的稀缺性，有效地刺激用户购买产品的欲望。

2) 在节假日做促销

一般来说，用户在节假日的购买需求会比较强烈，例如许多用户会在过年时购买年货、在情人节时为另一半买礼物等。此时，如果主播在直播间内举办促销活动，只要促销方式得当，就很有可能刺激到用户的购买欲望，从而提高产品的销量。

3) 设置特定促销周期

一般来说，大多数用户在购买产品时，比较倾向于购买有折扣的产品。而主播做纪念日、节假日促销活动的频次一般不高，所以一些主播还会制定特定的促销周期，例如设置“每周上新”“每周日全场 7 折”等促销活动来满足用户追求优惠的心理。

需要注意的是，主播进行周期促销时，需要提前推荐新品、打造爆款，才能吸引到用户对促销活动的关注。那么，主播要如何打造爆品呢？具体来说，主播需要掌握以下 3 种方法，如图 10-4 所示。

当主播确定好爆款产品之后，就需要在促销周期活动前进行直播预热了。一般来说，一些主播会在动态或微头条提前发布每周直播促销所要推出的爆款产品，并告诉用户直播的时间，与用户保持黏性，如图 10-5 所示。

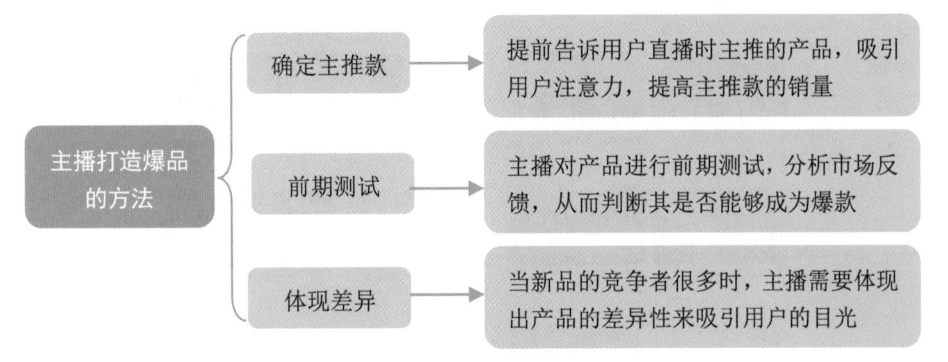

图10-4　主播打造爆品的方法

图10-5　发布动态和微头条为直播预热

2. 时令促销清理产品库存

时令促销是指主播根据时令变化制定促销活动。例如，主播在直播间做反季清仓、当季清仓等促销活动，或者做一些季节性产品的秒杀、上新活动等。图10-6所示为主播利用夏季新品秒杀，以及夏季上新的时令促销噱头吸引用户进入直播间购买产品。

一般来说，以清仓为由甩卖产品可以吸引大量用户的注意力。正因为如此，一些主播或商家在进行时令促销时，通常会以反季清仓和当季清仓这两种促销方式为主。下面笔者就对反季清仓、当季清仓这两种促销方式作出解析。

1) 反季清仓

反季清仓是指主播通过促销反季产品刺激用户的购买欲望，实现产品销售目的的一种促销方式。因为不是所有的产品都适合这种促销模式，所以通常销售服装的主播会利用这种促销方式来销售产品。

例如，主播在夏季时，会采用反季清仓的方式来销售一些毛衣、羽绒服等，清理积压已久的库存。不过，主播在进行反季清仓时，需要注意以下3个问题，如图10-7所示。

图 10-6　主播利用时令促销噱头吸引用户进入直播间

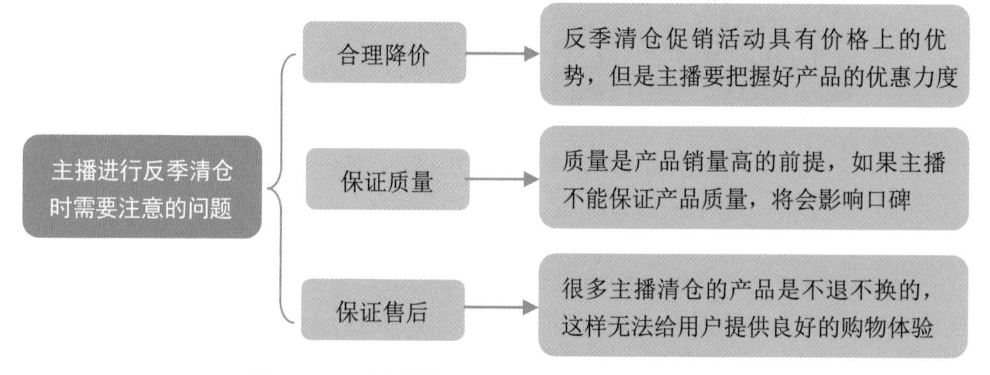

图 10-7　主播进行反季清仓时需要注意的问题

2) 当季清仓

以销售服装的主播为例，当冬天快要过去、春天还没有来临时，对于冬季的衣服，主播便会采取当季清仓的促销手段来清理库存，这样不仅可以为初春的新款服装留出仓储空间，还可以为自己回笼部分资金。

3. 借势促销提供购物理由

借势促销是指主播借助时事或主题来做促销活动，从而引导用户购买产品的一种促销方式。借势促销的好处就是可以帮助主播用更低的成本达到更好的促销效果。下面笔者介绍两个借势促销的具体手段。

1) 借助时事热点促销

主播在直播带货时，可以运用时事热点作为促销理由进行产品促销。主播可以挑选一些娱乐类或行业类的时事热点来做促销活动，具体情况如下。

- 将娱乐热点与促销相结合。一般来说，娱乐八卦和明星趣事是许多用户关注的热点，主播将娱乐类的热点作为促销理由可以带来更多流量。主播在利用娱乐热点进行促销时，需要注意以下两点，如图 10-8 所示。

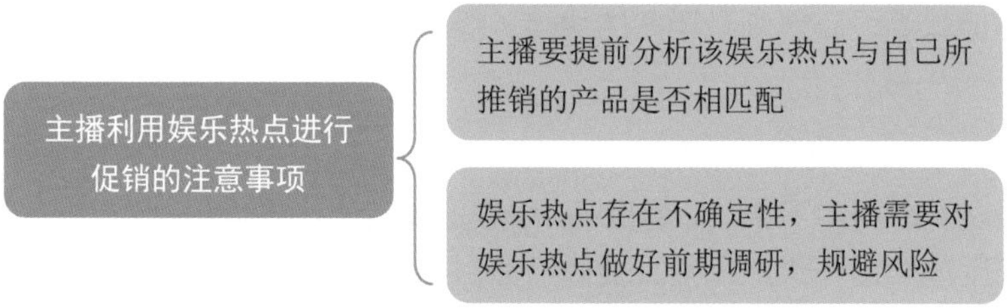

主播利用娱乐热点进行促销的注意事项
主播要提前分析该娱乐热点与自己所推销的产品是否相匹配
娱乐热点存在不确定性，主播需要对娱乐热点做好前期调研，规避风险

图 10-8 主播利用娱乐热点进行促销的注意事项

- 将行业热点与促销相结合。利用行业热点进行促销活动是许多商家与品牌常用的促销手段，例如京东的“618”购物节、天猫的“双十一”以及淘宝的“双十二”都是电商行业的热点。每到电商行业的购物节时，一些平台上的主播和商家就会借机做促销活动，营造购物氛围，吸引用户购买产品。

2) 借助主题进行促销

前面介绍过，一些主播会在节假日做各种各样的主题活动，目的是通过促销来吸引用户购买产品，提升产品的销量，部分主播也会自己策划一些主题活动来吸引用户注意力。

需要注意的是，由于这些主题促销活动的内容是由主播或直播团队自行策划的，所以促销活动的效果与主播的选品以及主播在直播间中的表现息息相关，这要求主播在进行主题促销时，需要做到以下 3 个方面，如图 10-9 所示。

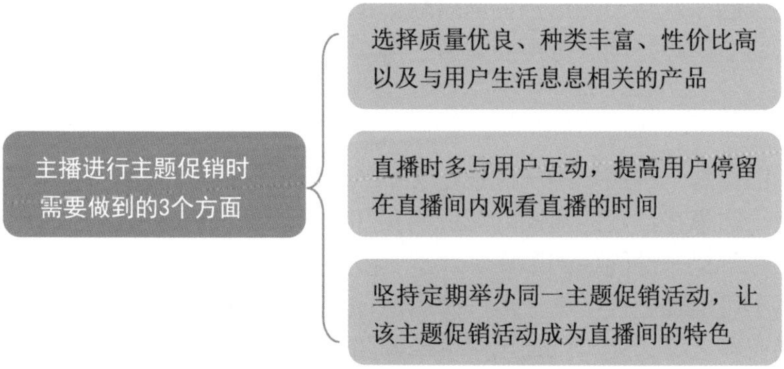

主播进行主题促销时需要做到的3个方面
选择质量优良、种类丰富、性价比高以及与用户生活息息相关的产品
直播时多与用户互动，提高用户停留在直播间内观看直播的时间
坚持定期举办同一主题促销活动，让该主题促销活动成为直播间的特色

图 10-9 主播进行主题促销时需要做到的 3 个方面

10.2.5 注意事项，刺激用户下单

主播在直播过程中，需要全程营造一种紧迫感来激发用户的购物欲望，让用户快速下单。但是，主播所用的促单手段并不一定能够达到很好的促单效果，因此，主播了解了一些促成用户下单的手段之后，还需要了解一些促单的注意事项，学会利用促单手段反复刺激用户的痛点，促使用户下单，尽量不要给用户考虑的时间。

1. 反复刺激目标用户的痛点

主播在刺激用户下单时，要保证所用的促单手段能够戳中用户的痛点。因此，主播在向用户推销一款产品前，要对产品目标人群的痛点有所了解，以便在推销产品时，能够准确地刺激目标用户的痛点。

以销售服装的主播为例，由于用户的肤色和体型不同，穿同一款服装所呈现出来的穿着效果也会不同。因此，主播在试穿服装时，一般会告诉用户这款服装适合什么肤色、什么体型的用户穿，并且主播会通过反复强调这一点来给用户心理暗示，刺激用户的痛点，让用户觉得自己需要这一款服装。

2. 尽量不给用户考虑的时间

用户考虑的时间越长，其中的不可控因素就越多。这也是主播在推销产品时，看到很多用户都表达了购买意愿，但真正下单的用户并不多的原因。因此，主播在介绍产品的过程中，一旦刺激到用户的购买欲之后，就要把握住较佳的促单时机，引导用户在购买欲望较强烈的时候下单，尽量不给用户考虑的时间。

10.3 销售心得，7 种方法助力卖货

主播在西瓜视频平台直播时，想要打动直播间用户的心，让他们愿意下单购买，需要先锻炼好自己的直播销售技能。本节将分享一些关于直播销售的心得体会，来帮助主播更好地进行直播卖货工作。

10.3.1 用好方法，吸引用户关注

直播销售是一种需要用户掏钱购买产品的模式，而主播要想让用户愿意看自己的直播、愿意在自己的直播间花钱购买产品、愿意一直关注自己，进而成为忠实粉丝，并不是一件简单的事情。

主播不可能随随便便就让用户愿意留在直播间，也不可能一味地向用户介绍某个产品有多么好，就可以让用户下单购买。因此，主播需要掌握合理的直播销售方法，这样才能在一定程度上留住用户，提升直播间的销售额。

1. 给用户"讲故事"，让他们感同身受

现在的直播销售行业有一点恶性竞争的苗头，为了更快地吸粉和下单，很多商家和主播开始通过降低产品价格来争抢流量。

用户在直播间向主播提出疑问："为什么你卖的产品价格比别人高？"面对这种情况，主播怎么解决才好？这时，主播就可以通过"讲故事"的方式，让用户自己感同身受，深刻理解其中的道理，从而潜移默化地打动用户的心。

那么，主播该如何"讲故事"呢？

- 首先，主播应该从自己的亲身经历入手，增加代入感。想给用户讲一个好故事，必须要有一个吸引人的开头。如果主播上来直接就讲自己的想法，不做一点铺垫，只怕没什么人能听得下去。
- 然后，主播可以引入问题，同时引导用户一起分析和讨论这个问题。这个问题最好能和用户的实际生活或消费需求联系起来，使用户觉得这些和自己是有密切关系的，不认真看直播的话，很可能会造成自己的利益受损。

2. 把故事"演出来"，让用户产生共鸣

除了直接"讲故事"外，主播还可以声情并茂地把故事"演出来"，这样更容易让用户产生共鸣。同时，主播在发表自己的观点时，最好加上一些和用户日常生活贴近的有类比性的例子，将其放到自己的故事情节中，这样能让用户在对事例产生共鸣后，也对主播的观点表示认可。

3. 不断强调你的人设，让用户对你信服

人设一直是吸引粉丝的法宝，当主播树立起自己的人设后，需要不断地向用户强调自己的人设，更重要的是让用户相信自己的人设。想让用户更相信自己的人设，主播可以在直播的时候，通过肢体语言向用户表现出自己的性格与形象。此外，打造人设还有一个更简单的方法，就是由主播自己大声"说"出来。

例如，主播可以在直播间向用户说："我要成为在直播榜上排名前××的主播。"这样的话语，可以让用户产生一种感受"这种充满斗志和信心的人就是我想成为的那种人，我要向他学习"，让用户感觉支持这个主播，就是在支持自己。

4. 灌输个人价值观，让用户产生崇拜感

一个优秀的主播应该能够轻松地控制整场直播间的节奏，让用户跟随自己的节奏走，但是更优秀的主播，会向用户灌输自己的价值观。

主播通过一系列的价值观输送，可以向用户表明一个信息，那就是："你可以说我卖的产品贵，但是你会明白它为什么那么贵，它贵是因为它值得，并且从性价比的角度来看，它甚至是超值的。"

10.3.2 管好情绪，提高直播权重

主播在直播卖货的过程中，为了提高产品的销量，会采取各种各样的方法来达到自己想要的结果。但是，随着入驻西瓜视频直播平台的主播越来越多，大家都在争夺流量，都想要吸引粉丝、留住粉丝。

毕竟，只有拥有粉丝，才会有购买行为的出现，才能保证直播间的正常运行。在这种需要获取粉丝流量的环境下，很多个人主播开始延长自己的直播时间，而直播机构也开始采用多位主播轮岗直播的方式，以便获取更多的曝光率，让平台上更多的用户看到。

这种长时间的直播，对于主播来说是一件非常有挑战性的事情。因为主播在直播时，不仅需要不断地讲解产品，还需要积极地调动直播间的氛围，同时还需要及时回复用户提出的问题，可以说是非常忙碌的，会感到极大的压力。

在这种情况下，主播就需要做好自己的情绪管理，保持良好的直播状态，使得直播间一直保持热烈的氛围，从而在无形中提升直播间的权重，获得系统给予的更多流量推荐。

1. 做好情绪管理，保持良好的直播状态

在直播中，主播常常会碰到各种类型的用户，这些用户由于自身的原因，在看待事情的角度和立场上通常是截然不同的，那么就要求主播在销售产品的过程中，有针对性地进行引导。图 10-10 所示为进入直播间的用户类型。

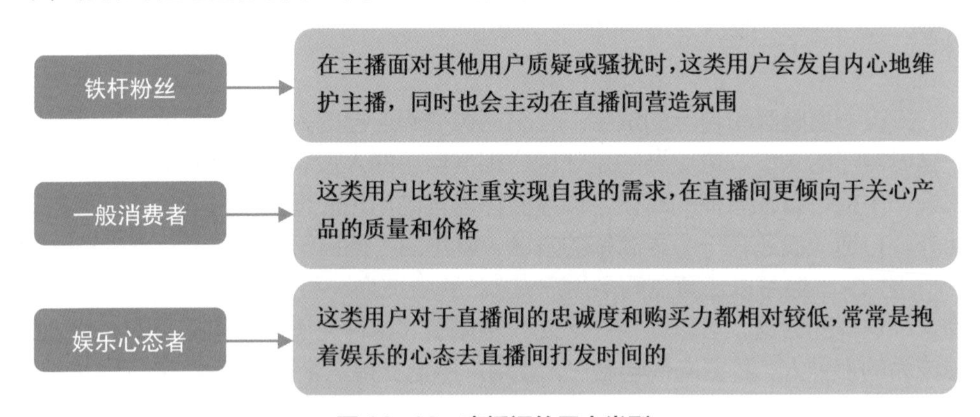

图 10-10　直播间的用户类型

在面对自己的“铁杆粉丝”时，主播的情绪管理可以不用太苛刻，适当地向他们表达自己的烦恼，宣泄一点压力，反而会更好地拉近和他们之间的关系。

至于一般消费者类型的用户，他们一般是以自我需求为出发点，很少会在乎主播的人设或其他优点，只关心产品和性价比。面对这种类型的用户，就需要主播展现出积极主动的情绪，解决他们的疑问，同时要诚恳地介绍产品。

主播在面对娱乐心态者类型的用户时，可以聊一些他们喜欢的话题，来炒热直播间的氛围。同时，主播还可以间接地插入自己销售的产品，用与产品相关的资讯内容吸引他们关注产品。

总之，主播在直播时需要时刻展现出积极向上的状态，这样可以感染每一个进入直播间的用户，同时也利于树立起积极正面的形象。

2. 调节互动氛围，增加用户的信任和黏性

在西瓜视频直播间中，商家和主播除了需要充分展示产品的卖点外，还需要适当地发挥自己的个人优势，利用一些直播技巧来调节直播间的互动氛围，从而增加用户的信任和黏性，相关技巧如图 10-11 所示。

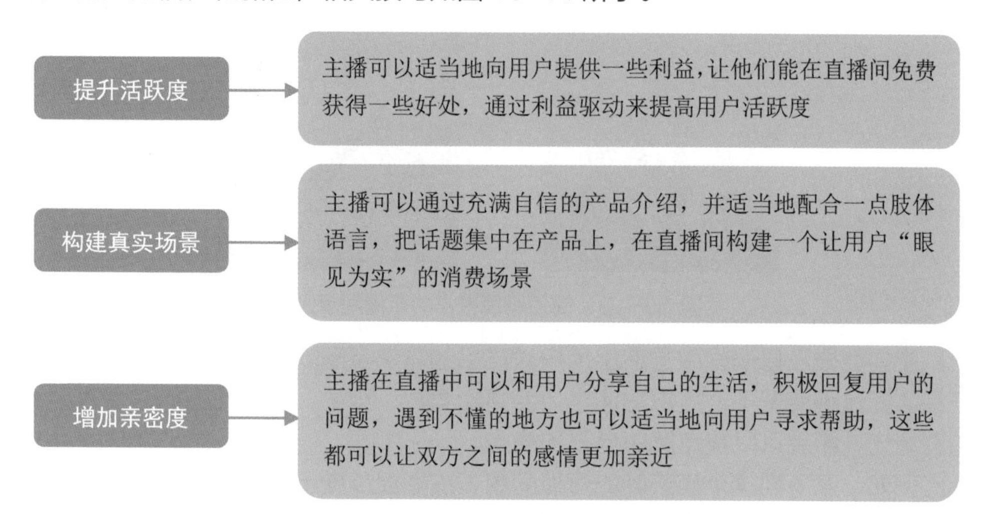

图 10-11　增加用户的信任和黏性的相关技巧

10.3.3　解决痛点，抓住用户需求

痛点，就是用户急需解决的问题，如果没有解决这个痛点，用户就会很痛苦。用户为了解决自己的痛点，一定会主动寻求解决办法。研究显示，每个人在面对自己的痛点时，是最有行动效率的。

大部分用户进入直播间，就表明他在一定程度上对这个直播间是有需求的，即使当时的购买欲望不强烈，但是主播完全可以通过抓住用户的痛点，让购买欲望不强烈的用户也采取下单行动。

主播在提出痛点的时候需要注意，只有与用户的“基础需求”有关的问题才算是他们的真正痛点。“基础需求”是一个人根本的和核心的需求，这个需求没有解决的话，人的痛苦就会非常明显。

主播在寻找和放大用户痛点时，可以慢慢地引入自己想要推销的产品，给用

户提供一个解决痛点的方案。在这种情况下，很多人都会被主播所提供的方案吸引住，用户一旦察觉到痛点的存在，第一反应就是消除这个痛点。

例如，在下面这个简便运算教学的直播间中，主播通过真题讲解做题的方法步骤，来帮助学生更好地理解和学习简便运算的方法，以便他们更好地解决提高学习成绩这个痛点，如图 10-12 所示。

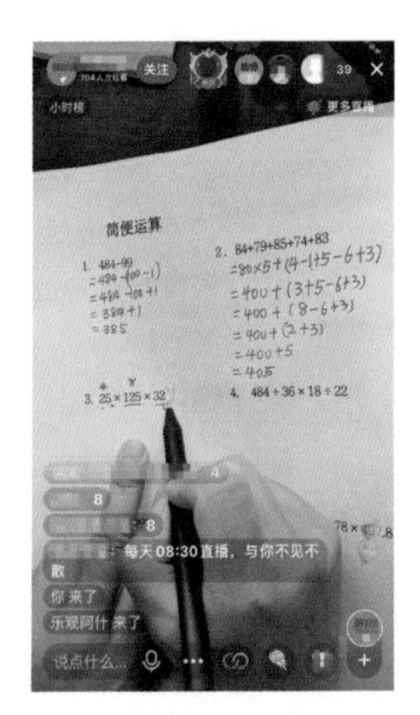

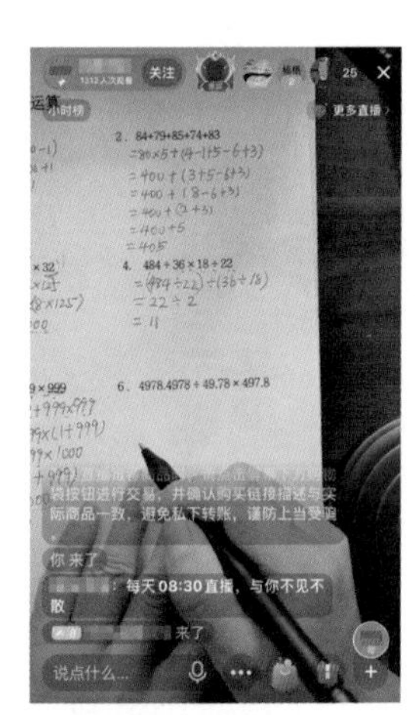

图 10-12　简便运算教学的直播间示例

主播要先在直播间中营造出用户对产品的需求氛围，然后再去展示要推销的产品。在这种情况下，用户的注意力会更加强烈、集中，同时他们的心情甚至会有些急切，希望可以快点解决自己的痛点。

例如，在下面这个卖茶叶的直播间中，主播通过展示不同茶叶的区别，介绍每种类型茶叶的具体信息和口感，还给用户提供了一些品茶的建议，解决用户的基本痛点需求，为他们带来了更多的价值，如图 10-13 所示。

通过这种价值的传递，可以让用户对产品产生更大的兴趣。当用户对产品有进一步了解的欲望后，这时主播就需要和他们建立起信任关系。主播可以在直播间与用户聊一些产品的相关知识和技能，或者提供一些专业的使用建议，来增加用户对自己的信任。

总之，痛点就是通过对人性的挖掘，来全面解析产品和市场；痛点就是正中用户的下怀，使他们对产品和服务产生渴望和需求。痛点就潜藏在用户的身上，需要商家和主播去探索和发现。

专家提醒

"击中要害"是把握痛点的关键所在，因此主播要从用户的角度出发进行直播带货，并多花时间去研究，找准痛点。

图 10-13　卖茶叶的直播间示例

10.3.4　打造痒点，实现用户梦想

痒点，就是满足虚拟的自我形象。打造痒点，就是需要主播在推销产品时，帮助用户营造美好的梦想，满足他们内心的渴望，使他们产生实现梦想的欲望和行动力，这种欲望会极大地刺激他们的消费心理。

例如，在下面这个乡村小院的直播间中，主播通过展示乡村悠闲静谧的生活，来打造用户向往美好生活方式的痒点，让他们的心里变得痒痒的，希望自己也能生活在这种环境中，如图 10-14 所示。

图 10-14　乡村小院直播间示例

再如，主播在直播间介绍家装家具时，将需要推荐的产品组装成温馨小家，让用户直观地感受到家具摆放在家里是什么样子，从而想要购买一套放置在自己家中，这也是一种制造痒点的方法，如图 10-15 所示。

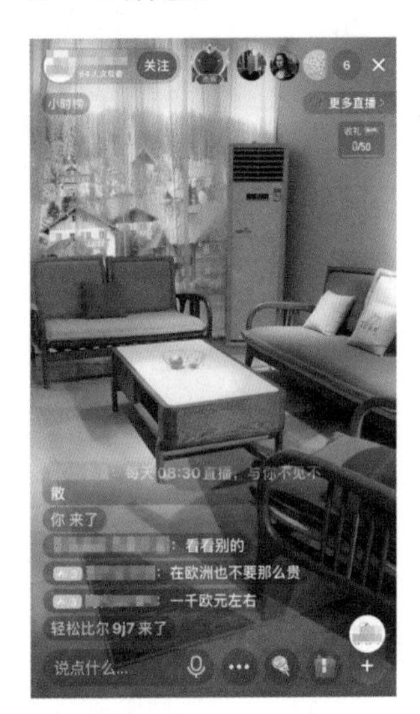

图 10-15　卖家具的直播间示例

10.3.5　提供爽点，满足即刻需要

爽点，就是用户由于某个即时产生的需求被满足后，就会产生非常爽的感觉。爽点和痛点的区别在于，痛点是硬性需求，而爽点则是即刻满足感，能够让用户觉得很痛快。

对于西瓜视频的主播来说，想要成功地把产品销售出去，就需要站在用户的角度来思考产品的价值。这是因为在直播间中，用户作为信息的接收者，他自己很难直接发现到产品的价值，此时就需要主播主动帮助用户发现产品的价值。

而爽点对于直播间的用户来说，就是一个很好的价值点。当主播触达更多的用户群体、满足用户和粉丝的不同爽点需求后，自然可以提高直播间产品的转化率，成为直播带货高手。

专家提醒

痛点、痒点与爽点都是用户欲望的表现，而主播要做的就是，在直播间通过产品的价值点，来满足用户的这些欲望，这也是直播带货的破局之道。

例如，在下面这个制作肠粉展示手艺的直播间中，主播娴熟的制作手法和行云流水的制作过程，让用户看了大呼过瘾，这就是通过抓住用户的爽点，即时性地满足了他们的需求，如图 10-16 所示。

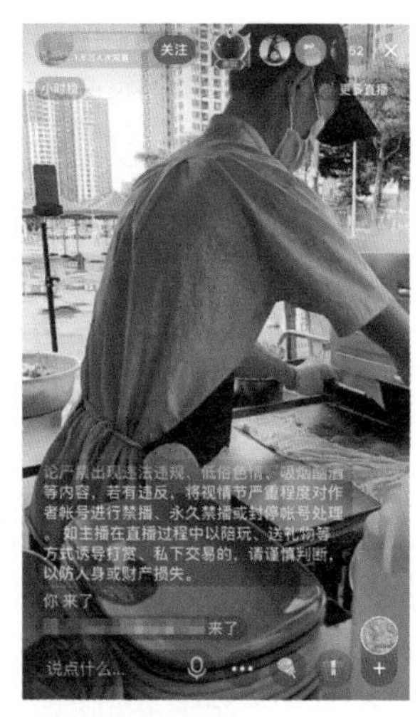

图 10-16　展示手艺的直播间示例

10.3.6　选对产品，增加购买意愿

直播带货中产品的好坏会影响用户的购买意愿，主播可以从以下几点来选择带货的产品。

1. 选择高质量的产品

直播带货中不能出现“假货”“三无产品”等伪劣产品，这属于欺骗消费者的行为，平台会给予严厉惩罚，因此主播一定要本着对消费者负责的原则进行直播。

用户在主播的直播间进行下单，必然是信任主播，主播选择优质的产品，既能加深用户的信任感，又能提高产品的复购率。因此，主播在直播产品的选择上，可以从以下几点出发，如图 10-17 所示。

选择直播产品的出发点
- 主播亲自筛选并使用产品，来验证产品的品质优劣
- 选择产品供应链稳定的货源，减少自己的试错成本
- 根据直播间用户的实时反馈，进行货品的配置调整

图 10-17　选择直播产品的出发点

2. 选择与主播人设相匹配的产品

如果是网红或者明星进行直播带货，在产品的选择上，首先可以选择符合自己人设的品牌。例如，作为一个吃货，那么主播选择的产品最好是美食；作为一个健身主播，则主播选择的产品可以是运动服饰、健身器材或者代餐产品等；作为一个美妆主播，则主播选择的产品最好是美妆品牌。

其次，产品要符合主播人设的性格。例如，某明星进行直播带货，这个明星的人设是“鬼马精灵，外形轻巧”，那么他所进行直播带货的产品，品牌调性可以是有活力、明快、个性、时尚或者新潮等风格的产品；如果主播是认真且外表严谨的人设，那么他所选择的产品可以更侧重于高品质，具有优质服务的可靠产品，也可以是具有创新的科技产品。

3. 选择一组可配套使用的产品

主播可以选择一些能够搭配销售的产品进行“组合套装”出售，还可以利用“打折”“赠品”的方式，吸引买家观看直播并下单。用户在平台购买产品时，通常会与同类产品进行对比，如果主播单纯利用降价或者低价的方式进行销售，可能会让用户对这些低价产品的质量产生担忧。

但是，如果主播利用搭配销售产品的优惠方式，或者赠品的方式，既不会让用户对产品品质产生怀疑，也能在同类产品中体现出一定的性价比，从而让用户内心产生“买到就是赚到”的想法。

例如，在服装产品的直播间中，主播可以选择一组已搭配好的服装进行组合销售，既可以让用户在观看直播时，因为觉得搭配好看而下单，还能让用户省去搭配的烦恼。因此，这种服装搭配的直播销售方式，对于不会进行搭配的用户来说，既省时又省心，吸引力相对来说会更高。

4. 选择一组产品进行故事创作

主播在筛选产品的同时，可以利用产品进行创意构思，加上场景化的故事，创作出有趣的直播带货脚本，让用户在观看直播的过程中产生好奇心，并进行下单购买。

故事的创作可以是某一类产品的巧妙利用，介绍这个产品并非平时所具有的功效，在原有基础功能上进行创新，满足用户痛点的同时，为用户带来更多痒点和爽点。另外，直播的创意构思也可以是多个产品之间的妙用，或者是产品与产品之间的主题故事讲解等。

10.3.7 转变身份，加快吸粉速度

直播销售是一种通过屏幕和用户交流、沟通的工作，需要主播更加注重建立

和培养自己与用户之间的亲密感。因此，主播不再是冷冰冰的形象或者单纯的推销机器，而是渐渐演变成为更加亲切的形象。

主播会通过和用户实时的信息沟通，及时地根据用户的要求进行产品介绍，或者回答用户提出的有关问题，即时引导用户进行关注、加购和下单等操作。正是由于主播的身份转变需求，很多主播在直播间的封面上，都会展现出邻家小妹或者调皮可爱等容易吸引用户好感的画面。

当主播的形象变得更加亲切和平易近人或极具个人风格后，用户对于主播的信任和好感会逐渐加深，也会开始寻求主播的帮助，借助主播所掌握的产品信息和相关技能，帮助自己买到更加合适的产品。图 10-18 所示为具有个人风格的直播封面图。

图 10-18　具有个人风格的直播封面图

10.4　避免雷区，7 个要点获得好感

虽然主播通过直播带货可以带给用户全新的购物体验，但是如果主播触碰到一些直播雷区，就有可能会使用户对自己产生反感，让用户不再观看我们的直播。下面笔者总结出 7 个直播的雷区，希望能给主播提供借鉴。

10.4.1　频繁催单，引发用户反感

主播在直播过程中，频繁催促用户购买产品是大忌，这样会在用户面前把自

己的目的暴露无遗，从而引发用户的反感。那么，主播要如何让用户觉得自己不是在催促他们下单呢？具体来说，主播需要做到以下两点。

1. 避免对用户过度热情

对于新人主播来说，在自身知名度不高、粉丝群体不稳定的情况下，要想让用户停留在直播间内观看直播，就要始终保持亢奋的直播状态，热情地对待用户。通过这样的直播方式，可以快速拉近用户与自己的距离，从而促使用户下单购买产品。

需要注意的是，过度的热情很容易让用户觉得主播过于功利，从而对主播产生戒备心理。因为用户进入直播间观看直播时，在不了解主播的情况下，并没有与主播建立信任关系，所以难免会对过分热情的主播产生戒备心理。

面对这种情况，主播在直播时可以与用户多互动，聊一些用户感兴趣的话题，再有针对性地讲解产品。当用户在直播间中频繁发问，互相讨论，表现出对产品的兴趣之后，主播就可以向用户推荐产品，介绍产品的优势了。具体来说，主播要想让用户不再对自己产生戒备心理，必须做到以下两点。

(1) 不因为急于推销而频繁地自圆其说，给用户适当的空间。

(2) 不要流露出太强的目的性，尽量少用类似“你买了绝对不会后悔”“买到就是赚到”“赶紧下单购买”的话术给用户太大的压力。

2. 避免反复催用户下单

虽然主播直播时利用一些话术可以营造紧张感，促使用户下单，但是如果主播反复催促用户下单，难免会引起用户的反感。所以，主播在直播时，要避免重复催促用户下单。但是，如果主播不催促用户，用户下单的欲望就很难被激发出来，这时主播应该怎么做呢？具体来说，主播需要掌握以下两点技巧。

(1) 把握催单时机。在直播过程中，催单是需要把握时机的，最合适的催单时间是直播快要结束的时候。所以，主播千万不要在刚开播或直播中期就反复催单。

(2) 不能过于热情。主播在催单时要注意说话的语气不能过于热情，如果把自己的姿态放得太低，就很难引起用户的重视。

10.4.2 贬低他人，失去用户信任

一些主播在直播时，为了引起用户的注意，会在直播间通过贬低其他主播而抬高自己，毕竟直播带货行业竞争激烈，同类型的主播难免会互相攀比。但是，主播作为一个公众人物，言行举止对观看直播的用户有着潜移默化的影响。

在用户面前贬低其他主播，不仅会给其他主播带来不良影响，还会引发不必要的纠纷。此外，一些用户观看直播时，也会拿主播的竞争对手作对比。

主播应该谨慎回应粉丝的言论，在突出自己优势的同时，适当地赞美竞争对手，让用户觉得你是一个宽容的人，以此赢得粉丝的好感和信任。同时，如果有用户在直播间诋毁其他主播，主播要及时制止，否则其他用户很可能会对自己产生误解，造成不良影响。

10.4.3 负面抱怨，影响用户情绪

主播承担着销售员的角色，对产品的销量负责，所以难免会产生急功近利的心理。而一些新人主播更容易产生这种心理，导致直播时无法克制自己的情绪，在直播间内抱怨用户只看直播不买产品，或者只问问题不下单。一般来说，用户观看直播不下单的原因有两种，如图 10-19 所示。

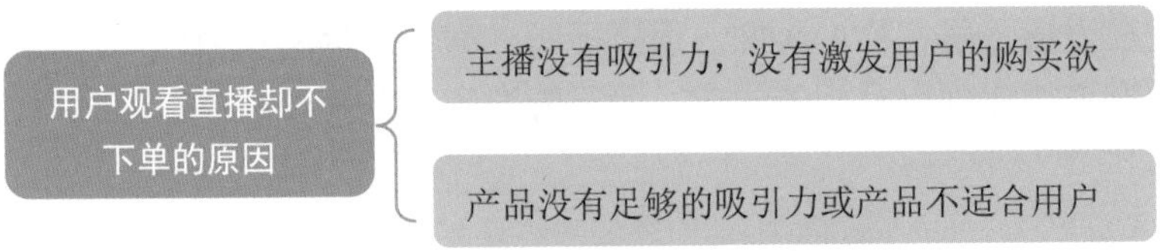

用户观看直播却不下单的原因
- 主播没有吸引力，没有激发用户的购买欲
- 产品没有足够的吸引力或产品不适合用户

图 10-19 用户观看直播不下单的原因

对于用户只观看直播却不买产品的情况，主播应该适当地进行自我检讨，在自己身上找原因，承认自己的能力不足，然后不断地提升自己的销售技巧。同时，也要思考所推荐的产品是否符合用户的需求，在选品上多费心思。

10.4.4 形式单调，用户无新鲜感

当一些主播已经直播了一段时间，积累了一定数量的粉丝之后，如果发现粉丝数量一直没有增加，反而变少了，就要开始审视自己的直播内容与风格是否已经满足了用户的需求。面对这种情况，主播可以从以下两个方面给直播增添新鲜感。

1. 尝试不一样的开场白

虽然主播在刚开始直播时使用单一的开场白，可以给自己增加辨识度，但是如果主播一直都是同一句开场白，一些老粉丝难免会产生审美疲劳，觉得主播的直播没有新意。所以，主播利用不同的开场白，可以给粉丝新鲜感。例如，提问式的开场白可以引起用户的思考和讨论；聊天式的开场白可以拉近粉丝与自己的距离。

2. 使用具有风格的话术

对于新人主播来说，由于直播的经验不足，难免会不懂得变通，只会直接套用现有的话术模板，导致话术单一、机械化。然而，这种话术往往难以激发用户

的购买欲，也难以让用户对主播有深刻的印象。所以，主播直播时，要避免使用单一的话术，因为没有用户会喜欢单调的直播内容。

当然，如果主播已经形成了自己独特的个人风格，就可以把单一的话术与自己的个人风格紧密地联系在一起。例如，某顶流主播在直播时，就经常使用“买它”这句单一的话术，让用户感受到了强烈的个人风格。

10.4.5 无视规则，违规进行直播

为了维护直播环境，各直播平台对直播逐渐加大了监管力度，平台规则也越来越严格，下面笔者向主播介绍一些有可能导致封号的直播雷区。

1. 直播信息违规

主播在设置账号名称、头像、直播标题、直播封面图和直播简介等信息时，要遵守国家法律法规以及相关要求，而不能发布一些违反秩序、干扰平台运营的信息。

2. 主播换人

主播在直播时，如果邀请其他人入镜，需要提前做直播人员报备。因为直播对主播的身份认证很严格，一旦主播认证完毕，认证的主播就必须经常出面直播。

3. 空播

空播是指直播间内有无互动、无解说或者主播离开镜头 15 分钟以上等行为的直播。这种抢占别人的流量，却没有进行带货的行为是绝对禁止的。

4. 引导线下交易

主播在直播过程中的一切交易行为，都要通过西瓜视频直播平台进行，这是为了防止虚假交易以及诈骗等行为所作出的规定。主播直播时，故意泄露微信、手机号以及其他联系信息会面临封号的处罚，如果屡次违规，很有可能会被永久封号。

5. 对产品和服务描述不当

主播对产品和服务描述不当的情况有 3 种，内容如下。

(1) 主播描述与卖家产品信息不一致。即主播直播时对产品的图片、价格以及详情等信息的描述不一致。

(2) 主播对产品和服务的描述与用户收到的产品以及所接受的服务不符合。

(3) 主播隐瞒产品瑕疵，过度夸大宣传产品。

10.4.6 心存侥幸，策划无人直播

由于直播带货的发展势头迅猛，平台对直播的内容监管力度有限，许多人开始心存侥幸，研究出了五花八门的直播方式，于是无人直播应运而生，并一度在直播平台上泛滥。

无人直播是指主播不亲自出镜进行实时直播，而是在直播间内重复播放同一个视频或音频伪装成正在直播的样子，获取用户的打赏，并进行带货。主播利用这种直播方式，可以达到 24 小时在线直播的效果。图 10-20 所示为无人直播的直播间。

图 10-20 无人直播的直播间

无人直播的好处是可以节省人力成本，并且可以批量复制直播内容，让多个直播账号同时进行直播。值得注意的是，无人直播虽然是一个快速引流、变现的方式，但是它和直播平台所提倡的健康直播的理念是背道而驰的，用户不会为没有价值的直播内容买单，走捷径、钻空子很容易会“翻车”。

随着直播带货行业中销售假冒伪劣产品、伪造销售数据等热点事件相继被爆出，直播带货一次次被推上了风口浪尖，相关部门已经出台了对直播行业管理规范的条约，而直播带货行业的洗牌期也已经到来。

直播带货的发展历程已经从“野蛮生长”到了“精耕细作”的阶段，这意味着直播带货的门槛正在逐渐提高，主播或商家心存侥幸想要利用无人直播来实现盈利，是不现实的。

10.4.7 急于求成，盲目投入资金

对于做直播带货的新人来说，想要在竞争激烈的直播带货行业长期发展，是需要脚踏实地，一步步地去摸索的。很多人在直播初期由于没有粉丝、没有曝光率，就喜欢盲目地投入大量资金寻找带货达人、明星来帮自己带货。

虽然这些带货达人和明星有一定的粉丝基础，能为直播带来一定的流量，但是不一定能提升产品的销量。现在，网络上关于明星直播带货“翻车”的报道比比皆是，例如某商家邀请明星带货，坑位费花了数十万元，不但没有给自己带来流量和销量，反而赔了钱。

不仅如此，许多商家还由于被急于求成的心理所驱使，在找带货达人帮忙直播的过程中栽了不少跟头，落入了一些不法分子的“坑”。因此，在直播带货时，主播急于求成是很难获得成功的，虽然投入大量资金可能会争取到一些成功的机会，但是也有可能会让你走向失败。

对于刚开始做直播带货的主播或商家来说，只要在直播前期摸索出适合自己的发展道路，产品质量过关，价格符合用户需求，坚持不断播，就可能会慢慢看见带货的效果了。